《中国大百科全书》普及版

GULINGJINGGUAI QIMIAODEDONGWUWANGGUO

古灵精怪

奇妙的动物王国 【生物学卷】

中国大百科全书出版社

图书在版编目（CIP）数据

古灵精怪：奇妙的动物王国／《中国大百科全书：普及版》编委会编．—北京：中国大百科全书出版社，2015.1
（中国大百科全书：普及版）
ISBN 978-7-5000-9373-2

Ⅰ.①古… Ⅱ.①中… Ⅲ.①动物－普及读物 Ⅳ.①Q95-49

中国版本图书馆CIP数据核字（2014）第145313号

总 策 划：刘晓东　陈义望
策划编辑：裴菲菲
责任编辑：徐世新　裴菲菲
装帧设计：童行侃
出版发行：中国大百科全书出版社
地　　址：北京阜成门北大街17号　　邮编：100037
网　　址：http：//www.ecph.com.cn　　Tel：010-88390718
图文制作：北京华艺创世印刷设计有限公司
印　　刷：保定市铭泰达印刷有限公司
字　　数：122千字
印　　张：8
开　　本：720×1020　　1/16
版　　次：2015年1月第1版
印　　次：2020年4月第4次印刷
书　　号：ISBN 978-7-5000-9373-2
定　　价：28.00元

《中国大百科全书》是国家重点文化工程，是代表国家最高科学文化水平的权威工具书。全书的编纂工作一直得到党中央国务院的高度重视和支持，先后有三万多名各学科各领域最具代表性的科学家、专家学者参与其中。1993年按学科分卷出版完成了第一版，结束了中国没有百科全书的历史；2009年按条目汉语拼音顺序出版第二版，是中国第一部在编排方式上符合国际惯例的大型现代综合性百科全书。

《中国大百科全书》承担着弘扬中华文化、普及科学文化知识的重任。在人们的固有观念里，百科全书是一种用于查检知识和事实资料的工具书，但作为汲取知识的途径，百科全书的阅读功能却被大多数人所忽略。为了充分发挥《中国大百科全书》的功能，尤其是普及科学文化知识的功能，中国大百科全书出版社以系列丛书的方式推出了面向大众的《中国大百科全书》普及版。

《中国大百科全书》普及版为实现大众化和普及化的目标，在学科内容上，选取与大众学习、工作、生活密切相关的学科或知识领域，如文学、历史、艺术、科技等；在条目的选取上，侧重于学科或知识领域的基础性、实用性条目；在编纂方法上，为增加可读性，以章节形式整编条目内容，对过专、过深的内容进行删减、改编；在装帧形式上，在保持百科全书基本风格的基础上，封面和版式设计更加注重大众的阅读习惯。因此，普及版在充分体现知识性、准确性、权威性的前提下，增加了可读性，使其兼具工具书查检功能和大众读物的阅读功能，读者可以尽享阅读带来的愉悦。

百科全书被誉为“没有围墙的大学”，是覆盖人类社会各学科或知识领域的知识海洋。有人曾说过：“多则价谦，万物皆然，唯独知识例外。知识越丰富，则价值就越昂贵。”而知识重在积累，古语有云：“不积跬步，无以至千里；不积小流，无以成江海。”希望通过《中国大百科全书》普及版的出版，让百科全书走进千家万户，切实实现普及科学文化知识，提高民族素质的社会功能。

2013 年 6 月

目录

第一章 “潜能无限”——哺乳动物

[一、 食肉目]

浣熊

食肉目浣熊科动物的统称。因进食前总是先把食物浸入水中，然后食用得名。共6属18种，分布于南北美洲，只有小熊猫一种单独分布于亚洲。体型较小，尾长为体长的一半；臼齿2/2，上臼齿阔度较长度为大。体长65～75厘米，尾长25厘米，体重7～9千克；全身毛色为灰棕色混杂，面部有黑色眼斑；尾部有多条黑白相间的环纹；裂齿和臼齿的形状与熊类相似。取食各种果、菜、鱼、蛙、鼠、小鸟和昆虫等。白天蜷伏窝内，夜间出来觅食。喜在溪边、河谷的近水处捕食鱼、虾和昆虫；亦喜上树，以树洞为窝。妊娠期65～70天，春季产仔，

每胎4～5仔。在北方寒冷地区，有冬眠习惯。

小熊猫

食肉目浣熊科小熊猫属的唯一种。分布于印度、尼泊尔、不丹和缅甸北部。在中国分布于西藏、云南和四川。第四纪更新世时期，小熊猫曾广泛分布于欧亚大陆，欧洲中部和英国都有化石记录。有学者主张将其归为熊科熊猫亚科中的一种。体长40～60厘米，体重约6千克，全身红褐色，四肢棕黑色，体毛长而蓬松；脸圆，具白色斑纹，吻、耳缘和颊白色，脸上有白斑，眼鲜艳；尾粗，长超过体长之半，具9个棕黑与棕黄色相间的环纹，很显著。因此，在中国四川省小熊猫又被称九节狼。小熊猫生活于2000～3000米的高山林区或竹林内。栖居在树洞或石洞中，凌晨和黄昏出洞觅食。杂食性，吃竹笋、野果、嫩枝叶，或捕捉小鸟、小鼠、昆虫和鸟卵为食。常在树枝上攀爬，有时高卧树枝上休息。夏季喜欢在河谷地区活动，冬季蹲伏在山崖边或树顶上晒太阳。肛门部和前肢的趾间具分泌腺，繁殖期内散发较强的气味。3～4月间发情交配，常发出求偶叫声。妊娠期3～5个月，每胎产2～3仔。初生幼兽脸和尾上都无斑纹。小熊猫不仅在体型和牙齿结构上与浣熊类相同，而且在杂食性、爱清洁等习性上亦颇类似。性情温顺，易于饲养，是东亚的特产动物。中国多数动物园均有展出，饲养条件下寿命10余年。已被《濒危野生动植物物种国际贸易公约》(CITES) 列入附录Ⅰ。

大熊猫

食肉目大熊猫科的单属单种，有专家列为熊科熊猫亚科的单属单种。因体型较大，外形似熊，头较圆像猫得名；又因其毛色黑白相间，主要栖息于竹林中，俗称花熊或竹熊，古籍上记载的貘、貊、貔、貅等均指此兽。

大熊猫体长 1.2 ～ 1.5 米，体重 50 ～ 80 千克，人工饲养条件下，最大个体体长可达 1.8 米，体重近 200 千克；体毛以白色为主，四肢与肩胛部有连片的黑色毛区，眼区有形似眼镜的黑斑，耳、鼻端和尾端也皆为黑色。

大熊猫是一个孑遗物种。曾有活化石之称。古生物学研究，它起源于更新世早期，在更新世中期最繁盛。化石遍及中国秦岭和长江以南诸省，在陕西北部、山西、北京等地有零星发现。由于人类的发展和社会生产力的提高，特别在新石器时代之后，伴随农业的出现和发展，大熊猫的数量不断减少，分布区一块块地消失。文献考证，直到公元元年前后，在中国河南、陕西、湖北、湖南、四川、贵州、云南等省还都有大熊猫分布，但现在大熊猫仅生存在南起四川省大、小凉山，沿邛崃山向北至岷山和甘肃省白水江上游，以及陕西省秦岭等少数地区。

现代大熊猫的典型栖息环境特点是山高、谷深、树高、竹密。茂密的竹林既是它们的食料基地，又是藏身和繁育后代的场所。大熊猫虽属食肉兽，却喜素食。调查表明：它们取食的植物有 50 多种，偶尔也吃动物，但主要食物为少数几种细小的箭竹类植物，尤喜吃这些竹类的笋和较青嫩的茎、叶。虎、豹等天敌无法钻进茂密的箭竹丛追猎，而大熊猫却能在竹林中穿行自如，偶遇豺群围袭，还能迅速爬上竹林中高大的乔木，隐身于枝杈间，其黑白花纹还可起到保护色作用。大熊猫在形态构造上，以及生态和生理上都有不少适应这种独特生存环境的特点。

譬如，裂齿退化，臼齿咀嚼面变宽，适于压咬和嚼碎竹枝；竹类较难消化，而且大熊猫的消化器官同所有食肉兽一样，肠道短，盲肠不发达，咀嚼和消化食物都比较粗糙，因此它们每日食量很大，取食频繁。它们在竹丛中穿行时，常边走边吃边排泄，在栖息地几乎到处可见到一团团长 10 ～ 15 厘米，直径 5 ～ 7 厘米，长圆形，两端稍尖，由一段段碎竹片构成的粪便。

大熊猫既怕酷热，又畏严寒，冬季不蛰眠，一年四季活动，有随气温变化进行垂直迁移习性。夏秋季节多在中山带以上活动，而在冬春时节则向低山区积雪较少的向阳山坡或溪边转移。常到河溪边喝水，饮水量很大，冬春季节常把肚子喝得很胀而行动蹒跚。大熊猫性温驯，不怕人，行动缓慢，能泅水，善爬树，有剥树皮行为。野生大熊猫多在春末夏初发情交配，此时可听到它们特有的低沉的求偶叫声。晚秋产仔，每胎产 1 ～ 2 仔。初生幼仔很小，仅 100 克左右，不睁眼，体裸露无毛，死亡率高达 30%～ 50%。幼兽生长发育较慢，半年后始能独立取食。6 ～ 8 岁性成熟，由于发情期持续时间短，多数只有 10 天左右，常因雌雄发情不同步而不能配育。自然寿命 25 ～ 30 年。

现代大熊猫属残存分布的濒危物种，其数量稀少，只有几十个互不相连的斑点状分布区，估计总数仅有几千只，而且每逢栖息地竹类因自然开花而大面积枯死时，都有大批大熊猫死亡，分布点也随之减少。大熊猫濒临灭绝的主要内因是其器官结构功能较原始，感觉迟钝，繁殖存活能力低下，以及较多依赖特化的外界生存条件，应变能力很差等；人类对大熊猫生存环境的开发则是致使其濒危的重要外因。为救大熊猫，延缓其自然衰亡进程，中国将大熊猫列为国家一级重点保护动物，从 1965 年以来，先后在四川省平武、南坪、青川、北川、汶川、宝兴、马边、美姑，甘肃省文县、武都，陕西省佛坪等县建立了十几个以大熊猫为主的自然保护区。后来还在卧龙和白水江两个自然保护区中建立了大熊猫保护和研究基地。在人工饲养条件下繁殖大熊猫是延续其种系的又一重要途径。1963 年北京动物园在世界上首开人工繁殖成功的纪录，昆明等地动物园的大熊猫也相继繁殖成功。20 世纪 70 年代以来北京动物园又取得人工授精繁殖和低温储存大熊猫精液的成功经验，为延续大熊猫种系又迈出了新的一步。2006年，中国人工圈养繁育大熊猫成活30只，大熊猫产幼仔和成活均创历史最高。

熊科

马来熊　食肉目熊科马来熊属的一种。俗称小狗熊、太阳熊。熊类中体型最小的种类。体长100厘米左右，体重约50千克。体胖颈短，头部短圆，眼小耳小，鼻、唇裸露无毛，尾约与耳等长，趾基部有短蹼。全身短毛，乌黑光滑；鼻与唇周为棕黄色，眼圈灰褐；胸部有一棕黄色块斑；两肩有对称的毛旋。栖息于热带、亚热带雨林和季雨林中，主要分布在印度尼西亚、马来半岛、缅甸等地。20世纪70年代中国首次于云南南部边境山地发现，后在广东、广西亦有发现。数量极少。属于中国国家一级保护动物、世界濒危动物。

黑熊　食肉目熊科黑熊属的一种。有5个地理亚种：指名亚种（西藏黑熊）、长毛亚种（喜峰黑熊）、四川亚种（四川黑熊）、台湾亚种（台湾黑熊）、东北亚种（东北黑熊）。分布于东亚的森林区域，从乌苏里地区向南到柬埔寨、越南，向西经过喜马拉雅山麓到克什米尔、阿富汗。在熊类中属中型，体长120～220厘米，肩高75厘米，尾长7.5～10厘米，体重90～180千克。体呈亮黑色，故名；颈下胸前有一条月牙状的白纹，故有月熊之称；头宽，吻短，眼睛较小，耳壳大圆，嗅觉、听觉灵敏，与狗相似，故有狗熊、狗驼子之称。视力较差，被称为黑瞎子；前爪稍长于后爪。为林栖动物，主要栖息

于阔叶和针阔混交林中，南方的热带雨林和东北的柞树林也有栖息。最高栖息地可达海拔4000米左右的山地寒温带针叶林。杂食性，以植物为主，也吃鱼蛙、鸟卵等，喜欢挖蚂蚁窝和掏蜂巢。发情交配在6～8月份，妊娠期6～7个月，每胎产2仔，也有1或3仔者。平时性情温顺，但为自卫或保卫幼仔有时会变得勇猛。黑熊为观赏动物。由于森林面积的缩小或消失，许多地方的黑熊已绝迹。

狼

食肉目犬科犬属一种。外形和狼狗相似，但吻略尖长，口稍宽阔，耳竖立不曲，尾挺直状下垂，毛色棕灰。中国北方的狼体长1～1.5米。分布于欧亚大陆和北美洲。栖息范围广，适应性强，凡山地、林区、草原、荒漠、半荒漠以至冻原均有狼群生存。中国除台湾、海南岛以外，各省区均产。狼既耐热，又不畏严寒。夜间活动。嗅觉敏锐、听觉良好。性残忍而机警，极善奔跑，常采用穷追方式获得猎物。杂食性，主要以鹿类、羚羊、兔等为食，有时亦吃昆虫、野果或盗食猪、羊等。能耐饥，亦可盛饱。在冬季，北方的狼可集成大群，猎杀大型动物，扑食病弱个体。客观上对维持生态平衡有一定作用。每年1～2月交配，常发出凄厉长嚎，以吸引异性。妊娠期约2个月，每胎产4～7仔。繁殖期间雌雄同居，共同抚养幼仔。狼在牧区经常危害羊群，所以牧区常开展打狼活动以保护牲畜。但事实上，如果狼所捕食的各种野兔、旱獭和各种野羊等的数量较多，自然会减少它们对家畜的危害；况且狼在野外主要捕捉野生动物的老弱病残者，对野生动物种群的健康、壮大发展及控制种群数量的过量增长起着重要作用。因此，《濒危野生动植物物种国际贸易公约》(CITES)把数量已很稀少且产于不丹、印度、巴基斯坦和尼泊尔的狼种群列入附录Ⅰ，其余分布区的种群全部列入附录Ⅱ，

给予积极保护。

赤狐

食肉目犬科狐属一种。又称狐狸、红狐、草狐。分布于欧亚大陆、中国、加拿大、美国等地。体型中等、细长，体长约 80 厘米，体重 4 ～ 6.5 千克。吻尖，耳大；尾长略超过体长之半；足掌生有浓密短毛；具尾腺，能施放奇特臭味，称“狐臊”；毛色因季节和地区不同而有较大变异，一般背面棕灰或棕红色，腹部白色或黄白色，尾尖白色，耳背面黑色或黑褐色，四肢外侧黑色条纹延伸至足面。

赤狐栖息于各种生境，居于土洞、树洞、石隙或其他动物废弃的旧洞穴内。性多疑，行动敏捷，听觉灵敏。夜间活动，天亮回洞抱尾而卧。如果隐蔽条件较好，白天也在洞穴附近活动。捕食各种鼠类、野禽、鸟卵、昆虫和无脊椎动物，也吃浆果、鼬科动物等，偶尔盗食家禽。每年 1 ～ 2 月交配，雄狐为争雌狐而有激烈的争斗。妊娠期约 2 个月，雄雌共同抚育幼狐，秋后幼狐即能独立生活，寿命约 12 年。

赤狐是控制害鼠数量的重要犬科动物，在自然生态系统中起着重要的作用，应予保护，禁止乱捕。

豺

食肉目犬科豺属的一种。又称豺狗。因全身赤棕色，也称红狼。特产于亚洲东部，从寒带直到东南亚、印度尼西亚均有分布。体型比狼小而大于赤狐，下颌每侧具 2 个臼齿，体长 95 ～ 105 厘米，尾长 45 ～ 50 厘米，尾毛长而密，呈棕黑色，类似狐尾。栖居于从针叶林到热带雨林的丘陵山地的广泛生境。在中国东北到西南均有分布。群居，经常组成 3 ～ 5 只的小群，或 10 ～ 20 只的大群一同出没。

听觉和嗅觉极发达，行动快速而诡秘。稍有异常情况立即逃避，即便有经验的猎人也不易发现其行踪。豺以群体围捕的方式猎食。食物主要是鹿、麂、麝、山羊等有蹄类动物，有时也袭击水牛。性凶猛，胆大，凡与之遭遇的大小动物无不畏惧。繁殖力强，雌豺妊娠期 2 ～ 3 个月，冬季产仔，每胎 2 ～ 7 仔。现在东北和华北地区已近于绝迹，亟待保护。

貂

食肉目鼬科的一属。世界上共 8 种，其中北美洲 2 种，欧亚大陆 6 种。全部分布于北半球。日本貂仅产于日本，青鼬（黄喉貂）遍及亚洲全境。体型细长，四肢短。体长 40 ～ 56 厘米，尾长 15 ～ 17 厘米，体重 0.5 ～ 0.75 千克；尾短而蓬松；全身毛皮褐黑色，唯独喉部具橙黄色斑。紫貂是寒带针叶林区的典型种。紫貂产于俄罗斯西伯利亚、朝鲜半岛、蒙古和中国的东北以及新疆维吾尔自治区。紫貂皮毛绒丰厚，毛被长短适中，针毛柔滑，富有弹性，绒毛细密而有光泽，价值昂贵，在国际毛皮市场上称作软黄金。在中国东北三省，紫貂皮曾为当地的“三宝”之一。

貂类的形态特点是喉部毛色比体色浅，欧洲松貂和石貂的喉部为白色，黄喉貂与紫貂相同。

中国产有 3 种貂，除紫貂外，石貂分布于西北、西南诸省区，黄喉貂见于中国绝大多数省区。貂类栖居于北方针叶林、针阔混交林和阔叶林中。喜上树攀爬，在地面跳跃亦极灵巧。肉食性，嗜咬杀。主要以鼠类为食，亦捕食兔、小鸟、蛙、鱼等，甚至上树捕捉松鼠，咬食鸟卵。秋天也吃坚果和浆果。体型较大的貂类（如黄喉貂）还能捕食幼鹿、麝等有蹄动物。筑巢在石堆内、树洞中或树根下。白天卧伏巢内休息，主要活动时间在拂晓，并延续至清晨。单独活动。繁殖期间雌雄成对。秋季交配，春天产仔，每胎 2 ～ 3 仔。貂类是农林地区鼠类的天敌。数量稀少，分布区缩小。为了保护这一动物资源，中国已控制对紫貂、石貂和黄喉貂的猎取，其中紫貂被列入国家一级保护动物，石貂列为国家二级保护动物。

东北虎

食肉目猫科豹属虎的亚种之一。又称乌苏里虎、满洲虎。原分布于中国小兴安岭、乌苏里江流域及长白山区等地。一般体态特征及生活习性与华南虎同。在虎的诸亚种中体型最大，平均体长在 2.8 米左右，尾长 0.9 ～ 1 米，平均体重达 350 千克左右。身上条纹常为赤褐色，较窄且稀疏，被毛丰满，毛色较浅。冬毛淡黄，背毛长 45 ～ 55 毫米，腹毛长 55 ～ 65 毫米；夏毛较深，较短。老年雄虎头大，面上毛浓密，十分威武。活动领域大，达 3000 ～ 4200 平方千米，猎食区域为 500 ～ 900 平方千米。以野猪、鹿类、熊、野兔、狼等为食。晨昏或夜间活动。一般 12 月下旬至翌年 2 月为发情期。幼兽随母生活 2 年。寿命约 20 年。由于栖息地生态环境较好，与其他亚种相比，性情最温顺，胆量最小，动作敏捷性和灵活性均较差。因 20 世纪初人类活动区扩展，森林植被破坏，东北虎的栖息地和食物缺少，其分布范围日益缩小，数量急剧下降。现存数量极少，行踪罕见。国际上列为濒危动物，在中国属一级保护动物。

华南虎

食肉目猫科豹属虎的亚种。中国特有种。原分布于华南、华中、华东、西南的广阔地区及陕南、陇东、豫西、晋南的个别区域，以湖南、江西数量较多。体型较小，尾较细短，头大，眼大而圆；小而整齐的门齿上下各6个，犬齿长而锋利，发达裂齿上齿尖极锐利，可撕裂猎物厚硬的皮肉，舌上多刺，利于舐净骨上碎肉，咀嚼肌发达，故头圆，面较平。头颈、背、尾及四肢外侧毛为黄色，毛色较深，常为橘黄甚至略带赤色，胸腹部及四肢内侧乳白色。身上有黑色条纹，宽而密集，体侧常出现上下两纹相接连成的菱形纹。毛较短。

华南虎体长平均2米左右，重140～200千克。夜行，听觉、嗅觉均较敏锐，以野猪、羚羊、鹿类、野兔等为食。善于游泳。一年四季均可发情及产仔，妊娠期95～110天，每胎2～4仔，幼兽随母生活，一年半后独立生活，3～4岁性成熟。栖于山林、灌木及野草丛生处。独居，有较强领域性，雄虎占80平方千米，雌虎占60平方千米。由于生活区域与人类居住区较近，且其性格凶猛、动作敏捷，有时捕猎家畜。为观赏动物，毛皮幅大艳丽。现代华南虎的分布范围日益缩小，存活数目极少，行踪罕见。在中国属一级保护动物。

狮子

食肉目猫科豹属一种。主要分布在非洲的阿尔及利亚、肯尼亚、埃塞俄比亚、索马里和亚洲的伊朗等国。另外，在印度西部卡锡阿瓦半岛的基尔森林地区尚有300只左右。体型、大小、重量均与虎相似。雄狮的头侧、颈部直至肩部有黑或深褐色长鬣毛；产于亚洲的狮毛色较淡，鬣毛较短。狮的尾端有一球状毛簇，毛簇中间有一个坚硬的角质物。幼狮无鬣毛，身上长有灰色斑点，背部中央有一条白色花纹，半岁后斑点和白色花纹逐渐消失。栖息在热带的草原和荒漠，喜居于靠近水源的地方。群居，

由一只雄狮、数只雌狮和若干幼狮组成多偶家族。每群有一定的活动领域。白天在丛林间隐蔽休息，晨昏和夜晚常几只或成群出动进行围猎。以各种羚羊、斑马和疣猪等为食，偶尔捕食长颈鹿。亚洲狮喜食野猪。狮的听觉、嗅觉灵敏，动作灵活，跳跃力强，能爬树，但不善于长跑。繁殖力强，几乎每年都产仔，每胎 2 ～ 5 仔。幼狮 2 ～ 3 年后性成熟，成年的雄狮多离群营独立生活。寿命约 20 年。狮外貌威武雄壮，有“兽中之王”的称号，是动物园中著名的观赏动物。易驯养，马戏团多用来表演技艺。

狮子的亚洲种群被《濒危野生动植物物种国际贸易公约》(CITES) 列入附录Ⅰ，其他分布区的种群列入附录Ⅱ。

豹

食肉目猫科豹属一种。又称金钱豹。广布于亚洲和非洲各地，在中国几乎各省都有分布。有 20 多个亚种，中国有 3 个亚种：华南豹、华北豹和东北豹。体形似虎，体长 1 ～ 1.5 米，体重约 50 千克，最重可达 100 千克；尾长近 1 米；全身橙黄色或黄色，其上布满黑点和黑色斑纹。雌雄毛色一致。栖息于山地、丘陵、荒漠和草原，尤喜茂密的树林或大森林。无固定巢穴。单独活动。白日伏在树上，或卧在草丛中，或在悬崖的石洞中休息，夜晚出来游荡。动作灵活，善于攀树和跳跃，胆量也大，敢于和虎同栖于一个领域，能攻击体型较大的雄鹿或凶猛的野

猪等。主要猎食中、小型有蹄类动物，如麂、狍、麝、羊等，也吃小型肉食动物，如狸、鼬等，偶尔捕食鸟和鱼。冬春发情，妊娠期3个月，春夏季产仔，每胎2～4仔，幼仔1年后即离开亲兽。寿命10～20年。

豹是珍贵的观赏动物，毛皮艳丽。据20世纪80年代末统计，中国的野生种群数量只有数百只。在中国被列为一级保护动物，被世界《濒危野生动植物物种国际贸易公约》(CITES) 列入附录Ⅰ。

雪豹

食肉目猫科雪豹属的唯一种。又称艾叶豹。分布于亚洲中部的高原地带、喜马拉雅山以北、昆仑山、天山、阿尔泰山、帕米尔高原和阴山等地。除中国外，俄罗斯、蒙古、印度、巴基斯坦、阿富汗、不丹和尼泊尔等国均有分布。体长约1.3米，重约40千克；体形似豹，比豹略矮小，但体毛长而密，呈灰白色，遍体布满黑色斑点和黑环；尾长近1米，尾毛蓬松。栖息于海拔较高、寒冷的裸岩山地，除交配或哺乳时，平常独居。性凶猛而机警，嗅、听觉敏锐，动作灵活，善跳跃。白天隐匿在巢穴中，黄昏和夜晚出来捕食高山上的各种野羊，也猎取兔、旱獭、鼠类和高山鸟类。食物缺少时，可盗食家畜。发情期在1～3月，妊娠期约100天，4～6月产仔，每胎2～5仔。幼仔3个月后即随母兽练习捕猎，约1年后独立生活。寿命约10年。

雪豹活动在人烟稀少、地形复杂的高原地带，在中国有2000～3000只，数量稀少，极难遇见。在动物

园中是珍贵的展览动物。在中国为二级保护动物，《濒危野生动植物物种国际贸易公约》(CITES) 将其列入附录Ⅰ，给予全面保护。

猎豹

食肉目猫科猎豹属的单型种。奔跑速度最快的哺乳动物，最快速度可达每小时 120 千米。体型比豹瘦长，一般在 120 ～ 130 厘米，体重约 30 千克；尾长约 76 厘米。四肢细长，趾爪锐如犬，较直，且不像猫科其他动物那样能全部伸缩；头部小而圆，被毛呈淡黄色夹黑斑。可以发出猫的声音，而不是吼声。它们主要栖息于开阔平原上的丛林或有树林的干燥地区。一般独居，只在交配季节可见到成对的，也有母豹带领 4 ～ 5 只幼豹的小群体。捕食斑羚、羚羊、鸵鸟等动物。繁殖期不定，妊娠期 90 天左右，每胎 3 ～ 4 仔。寿命最长达 19 年。由于人类长期的滥捕，印度、中亚等地已灭绝，在非洲南部、中部也已稀有，为世界珍稀动物。

美洲豹

食肉目猫科豹属的一种。又称美洲虎。分布于美洲，北自美国西南部，南至阿根廷。体型、大小及毛皮色彩均似豹，略比豹肥壮，体重 55 ～ 115 千克，体长 1 ～ 1.5 米；尾长 0.5 ～ 0.75 米，肩高 0.7 米；毛黄色且布满黑色斑纹和斑点，形状与豹几乎相同，但美洲豹身上的黑色环纹稍大一些，环纹中间有 1 ～ 2 个黑斑点，这与豹有显著差别。栖息于密林、草丛、荒原、沼泽或沙漠的边缘。平时独栖，凶猛残暴，动作灵活，嗅觉和听觉较敏锐，善游泳，会爬树，白天隐匿在树干上，黄昏或夜晚出来觅食，活动区域相当大。捕食鹿、貘、野猪、猴等，也吃各种鸟类，还能在浅河中捕鱼，有时也袭击家畜。每年1月份交配，妊娠期93～110天，通常每胎2仔，最多可达5仔。幼兽2年性成熟。寿命约20年。

美洲豹是动物园中较受欢迎的猛兽。毛色鲜艳，花纹美丽。被列入《濒危野生动植物物种国际贸易公约》(CITES) 附录Ⅰ。属严禁猎取的濒危动物。

灵猫科

食肉目一科。共35属72种。主要分布在非洲和亚洲南部的热带和亚热带。其中非洲灵猫、大灵猫和小灵猫以产灵猫香闻名世界。中国产5种，其中大灵猫和小灵猫已有人工饲养。体型较大细长，后足仅具4趾，四肢短，具腺囊，臼齿2/2，上臼齿横生，其内叶较外缘狭。大灵猫身体大小似家犬，体长67～82厘米，体重5～8千克；尾细长，37～47厘米；吻长而尖；全身灰棕色，背中央有1条黑色长鬣毛形成的背中线；颈下有3条黑白相间的颈纹；四肢极短，呈暗褐色；尾上有6个黑白相间的尾环。雌雄性在会阴部均有发达的芳香腺囊分泌灵猫香，雄性的灵猫香产量比雌性多。大灵猫在活动中经常举尾把腺囊分泌的香擦抹在小树桩或石块棱角上，作为它所占据领域的标志。灵猫香是配制高级香精必不可少的定香剂。小灵猫身体小，仅及大灵猫之半，类似家猫；全身棕黄，遍体具棕黑色斑点，尾上亦有环。小灵猫亦具发达的芳香腺。灵猫类动物生活在热带、亚热带森林边缘，以岩洞和树洞为巢。它们具有夜行性，白天多卧伏在灌丛中休息，清晨和黄昏常到溪旁、村边或耕地觅食，捕食小鼠、小鸟、青蛙、鱼、蟹、昆虫，兼吃植物果实。大灵猫每年春天交配，妊娠期约70天，每胎产2～4仔。小灵猫在春季和秋季交配，夏末或冬初产仔。

花面狸

食肉目灵猫科果子狸属一种。因面纹黑白相衬明显得名，又因在夏、秋季取食大量果实，又称果子狸。体型似家猫而较大，四肢短，尾颇长，几乎等于体长；尾毛紧贴，尾型细，故又称牛尾狸；体背毛色棕灰，头部、四肢和尾尖呈棕黑色；自鼻端至额顶有一条显著白纹，眼下方和眼后各有一小白斑。花面狸广泛分布在亚洲南部各国。在中国可见于长江流域及以南各省区，最北可分布到北京和山西大同，是中国灵猫科动物分布最北的一种。它们栖息在热带、亚热带的山林、灌丛地区。居住在树洞或岩洞中。昼伏夜出，晨昏活动频繁。善攀缘，常在树冠活动。主要以各种带酸甜味的浆果为食，亦捕食小鸟、鸟卵、青蛙、小鼠、田螺、昆虫等。秋季能随各种果实的不同成熟期而择取树果。年初发情交配，妊娠期 2 个月以上。每年春末夏初在树洞内产仔，每胎 2 ～ 3 仔。幼狸毛色灰，背部有模糊的黑纹，体侧具斑点。秋末可长到与成体近似。

鬣狗科

鬣狗　食肉目鬣狗科动物的统称。共 4 属 4 种，分布于非洲和印度。体型颇似犬，具长颈，后肢较前肢短弱，躯体较短，肩高而臀低；颈后的背中线有长鬣毛；牙齿大，颌部粗而强，能咬开骨头。缟鬣狗体较小，全身布满条纹。体长 1 米，尾长约 40 厘米。独自栖居，白天在洞穴或岩石洞中休息，夜晚出来活动觅食。不善追逐扑食，依靠发达的嗅觉觅食各种腐肉。棕鬣狗的体型较大，全身灰黑色，只在四肢上具条纹。在非洲西南部海岸，常到海滩寻食螃蟹、鱼等。斑鬣狗仅见于非洲，体型较大，耳形圆，全身淡黄褐色，衬有棕黑色的斑点或花纹，背上无

鬣毛。成群活动，营猎食生活。性较凶狠，富进攻性。夜晚出来觅食，除寻觅腐肉外，能猎捕羚羊，甚至咬死家畜。

土狼　食肉目鬣狗科土狼属的单型种。外形与鬣狗很相似，体长 80 厘米，肩部高而臀部低；从头后到臀部的背中线具有长鬣毛；全身棕色，但体侧和四肢均有棕褐色条纹；尾长 30 厘米，尾毛长而蓬松。土狼分布于非洲西海岸和南部。土狼门齿和犬齿与食肉兽相似，但前臼齿小而尖，只有两枚，不适于强力咀嚼肉类。除进食柔软的腐肉、鸟卵外，主要食物是白蚁。舌较长而发达，可舔食白蚁。晚上出来寻食。冬末产 2 ～ 5 仔，雌雄兽共同哺育。土狼在尾根下有一囊状腺体，分泌物用于标记领域。性懦弱，不攻击人。

[二、偶蹄目]

河马科

偶蹄目一科。巨型水陆两栖哺乳动物。现有 2 属 2 种：河马属河马种与倭河马属倭河马种。体长 4 米，肩高 1.5 米，体重约 3000 千克。躯体粗圆，四肢短，脚有 4 趾；头硕大，眼、耳较小，嘴特别大；尾较小；下犬齿巨大，长 50 ～ 60 厘米，重 2.5 千克；皮较厚，40 ～ 50 毫米；除吻部、尾、耳有稀疏的毛外，全身皮肤裸露，呈紫褐色。它们分布于非洲，生活在热带的水草丰茂地区，常由十余只组成群体，有时也能结成上百只的大群。单独的河马多是群中被逐出的成年雄兽。白天几乎全在水中，食水草，日食量 100 千克以上。水草缺少时，便在夜间上岸觅食植物或农作物。性温顺，惧冷喜暖。善游泳，可沿着河底潜行 5 ～ 10 分钟。在交配季节，雄性间时有争斗。妊娠期约 8 个月，每胎 1 仔，初生的幼仔重达 50 千克。哺乳期 1 年，4 ～ 5 岁性成熟，寿命 30 ～ 40 年。以前河马分布曾遍及非洲，包括北非的一些河流，由于自然条件的变更和人类的猎杀，在许多地区已经绝迹，现分布于非洲赤道附近以及南非、东非一带。河马因食大量水草而有利于疏通河道。排粪于水，可提高鱼的产量。皮革坚韧，用途较广。牙可作象牙的替代品，作为各种雕刻工艺品的原料。河马也是著名观赏动物。另一种倭河马，体短小，仅重 200 千克左右，体长 1.5 米，高 0.8 米。它们分布在西非利比里亚和塞拉利昂的密林沼泽、溪流中，单独或成对活动，数量稀少，较河马更为珍贵，被《濒危野生动植物物种国际贸易公约》(CITES) 列入附录Ⅱ。

羊驼

偶蹄目骆驼科无峰驼（羊驼）属一种。又称美洲驼、无峰驼。产于南美的秘鲁和智利的高原山区。体型颇似高大的绵羊；颈长而粗；头较小，耳直立；体背平直，尾部翘起，四肢细长；被毛长达 60 ～ 80 厘米，呈浅灰、棕黄、黑褐等不同色型；雄性略大于雌性。羊驼是一种半野生动物，栖息于海拔 4000 米的高原。每群十余只或数十只，由一只健壮的雄驼率领。羊驼以高山棘刺植物为食。发情季节争夺配偶十分激烈，每群中仅容一只成年雄驼存在。妊娠期 8 个月，每胎 1 仔。

春夏两季皆能繁殖。羊驼的毛比羊毛长，可制成高级的毛织物。羊驼可作驮运牲口使用。

鹿

白唇鹿 偶蹄目鹿科鹿属的一种。又称岩鹿、白鼻鹿、黄鹿。中国特产动物，因唇的周围和颔为白色得名。产于青海、甘肃及四川西部、西藏东部。体形大小与水鹿、马鹿相似。头骨泪窝大而深。成年雄鹿角的直线长可达 1 米，有 4 ～ 6 个分叉，雌性无角。蹄较宽大。通体呈黄褐色，臀斑淡棕色，没有黑色背线和白斑。栖息在海拔 3500 ～ 5000 米的高寒灌丛或草原上。白天常隐于林缘或其他灌木丛中，也攀登流石滩和裸岩峭壁，善于爬山奔跑。白唇鹿喜欢集群生活，主要采食禾本科、蓼科、景天科植物，并有食盐的习性。发情交配多在 9 ～ 11 月份，雄性间有激烈的争偶格斗，妊娠期 8 个月左右，每胎 1 仔，幼鹿身上有白斑。鹿茸可入药。属于国家一级保护动物，且被世界自然保护同盟 (IUCN) 列为易危种。

长颈鹿 偶蹄目长颈鹿科长颈鹿属唯一种。有 8 ～ 12 个亚种。属大型有蹄类动物，也是现代世界最高的动物，站立时由脚至头可达 6 ～ 8 米，体重约 700 千克，刚出生的幼仔就有 1.5 米高。颜色花纹因产地而异，有斑点型、网纹型、星状型、参差不齐型和污点型。头的额部宽，吻部较尖，耳大竖立，头顶有一对骨质短角，角外包覆皮肤和茸毛；颈特别长（约 2 米），颈背有一行鬃毛；体较短；

四肢高而强健，前肢略长于后肢，蹄阔大；尾短小，尾端为黑色簇毛。分布于非洲。

它们栖息于热带草原或靠近草原的森林边缘。平时结成7～8只的小群，有时也集成数十只的大群活动，经常与斑马、羚羊、鸵鸟等动物混群。白天四处漫游，边取食边瞭望，行动谨慎，善于奔跑。皮坚厚，可穿行荆棘林中。以树叶为食。平时很少鸣叫。妊娠期约450天，每胎1仔。寿命20～30年。由于体态优雅、花纹美丽，成为受人们欢迎的观赏动物。

马鹿　偶蹄目鹿科鹿属的一种。又称赤鹿、黄臀鹿、白臀鹿。世界上共有22个亚种，广泛分布于亚洲北部、中欧、西北非以及北美等地；中国有7或8个亚种，主要分布于东北、西北和四川、西藏等地。属大型鹿类，体长180厘米左右，肩高110～130厘米，成年雄性体重200～250千克，雌性约150千克。雄性有角，一般分6个叉，最多8个叉，茸角的第二叉紧靠于眉叉。夏毛短，通体呈赤褐色；冬毛灰棕色。马鹿川西亚种背纹黑色，臀部有大面积的黄白色斑，几乎盖整个臀部，与马鹿其他亚种不同，故又称白臀鹿。马鹿生活于高山森林或草原地区，喜欢群居。夏季多在夜间和清晨活动，冬季多在白天活动。善于奔跑和游泳。以各种草、树叶、嫩枝、树皮和果实等为食，喜舔食盐碱。9～10月份发情交配，妊娠期8个多月，每胎1仔。鹿茸是名贵中药材。马鹿在中国广为养殖。属国家二级保护动物。

梅花鹿　偶蹄目鹿科鹿属的一种。又称花鹿。因在背脊两旁和体侧下缘有明显的排列成行的白斑得名。广泛分布于亚洲东北部，从西伯利亚的乌苏里江至越南北部、中国台湾岛和日本列岛。在中国主要分布于东北、四川、华南以及台湾岛，有6个梅花鹿亚种，其中山西亚种、华北亚种和台湾亚种在野外已经灭绝。

体型中等，体长约150厘米，肩高80～110厘米；鼻端裸出而呈裂缝状；雄鹿具角，每年约4月脱盘长茸，其角一般到4叉为止，眉叉斜向下伸，第二叉与眉叉相距甚远；冬毛栗棕色，白色斑点不显，尾下部、鼠蹊部为白色，腹毛淡棕，夏毛红棕色，有的为暗灰褐色，背中线黑色，有的区域至尾基部黑色线变细，尾上部黑色，下部白色。喜栖于混交林，山地草原和森林边缘，一般不进入密林。冬季多在阳坡低凹背风处，春秋则在空旷少树地区活动。夏季喜阴凉，多在阴坡开阔透风的地方，有时为了避免蚊蝇叮咬也到高山草原活动。性机警，晨昏结群。主要以青草、嫩芽、树叶、沙参、蕈类为食。每年8～11月交配，妊娠期7～8个月，4～6月为产子盛期，每胎1～2仔。

麋鹿 偶蹄目鹿科鹿属一种。因其头似马、角似鹿、尾似驴、蹄似牛，故又称四不像。体长约200厘米，体重100（雌）～200（雄）千克。仅雄鹿有角，颈和背比较粗壮，四肢粗大。主蹄宽大能分开，趾间有皮腱膜，侧蹄发达，适宜在沼泽地行走。夏毛红棕色，冬毛灰棕色；初生幼仔毛色橘红，并有白斑。由化石资料推测，麋鹿原产于中国东部湿润的平原、盆地，北起辽宁，南到海南，西自山西、湖南，东抵东海都有分布。为草食动物，取食多种禾草、苔草及鲜嫩树叶。喜群居，发情期一雄多雌，通常7月份开始交配，妊娠期315～350天，每胎产1仔。原产于辽宁、华北、黄河和长江中下游。18世纪中国野生麋鹿种群已经灭绝，仅在北京南苑养着专供皇家狩猎的鹿群，后被八国联军洗劫一空，盗运国外。自1985年中国分批从国外引回80多只麋鹿，饲养于北京南苑和江苏大丰市。在江苏省大丰市散放并建立麋鹿自然保护区，为麋鹿在自然界恢复野生种群开展保护管理和科学研究工作。属国家一级保护动物，且被世界自然保护同盟(IUCN)列为极危种。

牛

偶蹄目牛科牛属和水牛属的总称。大型食草性反刍动物。牛在中国古代是牛亚科中不同种和不同属家畜的统称。通常指黄牛或普通牛和水牛，也包括牦牛和犏牛。

种类　牛属包括：①普通牛。分布较广，头数最多，如各种奶牛、肉用牛、兼用牛，中国以役用为主的黄牛以及日本的和牛等。②瘤牛，又称驼峰牛。耐热，抗蜱，是亚洲南部和非洲北部等热带地区特有的牛种。③牦牛。有的学者认为还包括野牛，如美洲野牛、欧洲野牛等，因为它们可与牛属中的普通牛种杂交。一些学者则把牛定义为驯化了的属种，不包括野牛。

水牛属中的水牛是水稻种植地区的主要役畜，在东南亚某些国家和地区则兼作乳用品种。

牛属的起源与驯化 根据出土的牛颅骨化石和遗留的古代壁画等资料，可以证明普通牛起源于原牛，在新石器时代开始被驯化。原牛的遗骸在西亚、北非和欧洲大陆均有发现。多数学者认为，普通牛最初驯化的地点在中亚，以后扩展到欧洲、中国和非洲，亚洲迄今仍有许多在原地生活于野生状态中。中国黄牛的祖先原牛的化石也在境内南北许多地方发现。野牛体躯高大（体高 1.8 ～ 2.1 米），性野，毛色单一，多为黑色或白色，乳房小，产乳量低。驯化后的普通牛体型比野牛小（体高在 1.7 米以下），性情温驯，毛色多样，乳房变大，产乳量和其他经济性能都大大提高。

近代对瘤牛颅骨类型和角形的研究，以及对瘤牛与普通牛杂交产生后代并育成新品种事实的分析，证明瘤牛也起源于原牛，其在南亚驯化的时间大致与普通牛相同或稍迟。中国古书记载的"犎牛"，即现代的瘤牛。中国水牛的毛色、颅骨和角形等特征同印度野水牛极相似，近期对中国华北、东北、内蒙古以及四川等地更新世不同时期地层中发掘出的不下七个水牛种的化石研究，可证明其中至少有一两种后来进化而成为现代的家水牛。中国水牛起源于南方。中国牦牛由野牦牛驯化而来。

生物学特性 依不同牛种（属）而异。其共同点为牙齿 32 枚，其中下门齿 8 枚，上颚无门齿，只有齿垫。上下臼齿 24 枚，无犬齿。胃分瘤胃、网胃、瓣胃和皱胃 4 室，以瘤胃最大，反刍。蹄分两半。鼻镜光滑湿润，如出现干燥，即为患病的征兆。单胎，双胎率仅占 1%～ 2%。除高寒地区的牦牛属季节性发情外，舍饲的牛一般均为常年多次发情，四季均可配种。发情周期基本上平均 21 天左右。

牛属中的 4 个牛种可相互杂交，其中有的牛种杂交后代（如瘤牛 × 普通牛）公、母牛均有生殖能力；有的牛种杂交后代（如牦牛 × 普通牛，野牛 × 普通牛）母牛能生殖，公牛则不育。水牛属中的水牛种相互间也可杂交产生后代，但与牛属中的牛种杂交均不能受孕。根据这些特性，通过种间杂交创造新品种或利用其杂交种优势，已受到育种工作者的广泛重视。

品种发展及其用途 驯化的牛，最初以人类食用为主；随着农耕发展，养牛转变为以役用为主。18世纪以后，随着农业机械化的发展和消费需要的变化，除少数发展中国家的黄牛仍以役用为主外，普通牛经过不断的选育和杂交改良，均已向专门化方向发展。如英国育成了许多肉用牛和肉、乳兼用品种，欧洲大陆国家则是大多数奶牛品种的主要产地。

现代牛品种的经济类型可分以下四种：①乳用品种。主要包括荷斯坦牛、爱尔夏牛、娟姗牛、更赛牛等。②肉用品种。主要包括海福特牛、肉用短角牛、安格斯牛、夏洛来牛、利木赞牛、契安尼娜牛、皮埃蒙特牛、墨利灰牛，以及近代用瘤牛与普通牛杂交育成的一些品种，如婆罗门牛、婆罗福特牛、婆罗格斯牛、圣格鲁迪牛和肉牛王牛等。③兼用品种。主要包括兼用型短角牛、西门塔尔牛、瑞士褐牛、丹麦红牛、辛地红牛和中国的三河牛，以及用兼用型短角牛和瑞士褐牛分别改良的蒙古牛和新疆伊犁牛而育成的中国草原红牛和新疆褐牛等。④役用品种。主要有中国的黄牛和水牛等。有的黄牛也可役肉兼用，如中国的秦川牛、晋南牛、南阳牛和鲁西牛等。水牛在中国一些地方也作乳役兼用。

有些国家如西班牙还培育成了一种强悍善斗的斗牛品种，主要供比赛用。

麝

偶蹄目鹿科麝亚科一属。又称香獐。因雄麝在脐部和生殖器之间有香囊，能分泌和贮藏麝香得名。共5种，即林麝、原麝、马麝、黑麝和喜马拉雅山麝，分

布于亚洲东部和喜马拉雅山脉南坡地区。体长 70 ～ 80 厘米，后肢明显长于前肢；雌雄头上均无角；雄性具有终生生长的上犬齿，呈獠牙状突出口外，为争斗的武器；四肢趾端的蹄窄而尖，侧蹄特别长；全身褐色，密被波形中空的硬毛，只有头部和四肢被软毛。林麝体小，成体色深、呈黑褐色，没有斑点。原麝体型较林麝大，成体上体有肉桂色斑点，颈下纹明显。马麝是麝属动物中体型最大的一种，全身沙黄褐色。黑麝与林麝体型相当，其毛色为麝属动物中最深暗的一种，全体均为黑色或黑褐色。中国麝类资源丰富，原麝分布于东北、华北及大别山地区；马麝见于青藏高原及邻近各省；林麝数量多，长江流域及以南各省区均有分布；黑麝仅分布于云南高黎贡山、西藏察隅等地；喜马拉雅山麝在国内则仅见于喜马拉雅山脉南坡。麝栖居于山林。多在拂晓或黄昏后活动，听觉、嗅觉均发达。白昼静卧灌丛下或僻静阴暗处。食量小，吃菊科、蔷薇科植物的嫩枝叶，以及地衣、苔藓等，特别喜食松或杉树上的松萝。营独居生活，颇警觉。行动敏捷，善攀登悬崖，常居高以避敌害。喜跳跃，能平地起跳至 2 米的高度。雄麝利用发达的尾腺将分泌物涂抹在树桩、岩石上标记领域。

麝在领域内活动常循一定路线，卧处和便溺处均有固定场所。栖息在某一领域的麝不肯轻易离开，即使被迫逃走，也往往重返故地。夏末上高山避暑，每年垂直性迁徙约两个月，然后重返旧巢。冬季发情交配，妊娠期半年，夏初产仔，每胎 1 ～ 2 仔。幼麝 1 岁半即达性成熟。在雌麝产子育仔时期，雄麝分泌香。麝香囊大小如鸡卵，位于腹肌与皮肤之间，囊口在尿道口之前约 0.2 厘米处。泌香期持续约 1 周。此时睾丸和香囊肿胀，体温略有升高，进食量减少，尿内所含 17- 酮类固醇明显升高。香囊内贮满香液，以后逐渐浓缩成半固体状的麝香。麝香是珍贵的中药材和优质定香剂，具浓郁香味，穿透力强，对中枢神经系统有兴奋作用。麝所有种类均为中国二级保护动物，并被列入《濒危野生动植物物种国际贸易公约》(CITES) 附录Ⅱ。

骆驼

偶蹄目骆驼科骆驼属双峰驼和单峰驼两个种的统称。又称橐驼。驯养的骆驼可供乘、驮、挽曳综合役用，为荒漠和半荒漠干旱地区的重要交通运输工具，有“沙漠之舟”之称。单峰驼又称阿拉伯驼，主要分布于北非、西亚的一些国家，以北非的撒哈拉大沙漠数量最多。双峰驼主要分布于亚洲中部的中国和蒙古等国家。

驯化和生物学特性　双峰驼在公元前 4000 ～前 3000 年开始在中亚驯化，然后扩大到亚洲其他地区。单峰驼驯化可能是从中阿拉伯或南阿拉伯开始的。驯化前后的变化不如其他动物明显。骆驼的外形特征为：躯短肢长，前躯较后躯发达，背短腰长。单峰驼头较小，额部隆凸，脸部长，鼻梁凹下，额顶无鬃毛，鬣毛短而宽，长至颈上缘之中部为止。被毛多为灰白色或沙灰色。一般体高 185 ～ 200 厘米，体重 700 千克以上。双峰驼躯干较宽长，脸部短，嘴较尖，颈较短而稍凹，被毛有黄色、杏黄色、紫红色、棕色、褐色、黑褐色等。毛长而厚密，御寒力强。一般体高 168 ～ 180 厘米，体重 500 ～ 700 千克。单峰驼野生种早已消失，双峰驼野生种也已稀少，均为中国一级保护动物。

骆驼适应荒漠环境的特性之一是极耐干渴，这与其下列生理特性有关：血液里含有蓄水能力很强的高浓缩蛋白质；细胞对低渗溶液的抗力大，能吸收储存大量水分；皮下微血管壁厚，管腔狭窄，脱水时可减少血管内水分的丧失；白天体温增高以储存热量，夜晚时热量逐渐散发，到清晨体温才达到正常，因而可节省用于散热的水分。此外，尿液浓缩，大便干燥，很少热性喘息，也都有利于减少热量散失和节约水分。骆驼饮水速度奇快，几分钟内可摄入相当其体重 1/4 以上的水。

骆驼体躯高大，四肢细长，蹄具两趾（第三、四趾），宽大如盘，善行走，特适于沙漠上行走，有助于觅食稀疏植被；颈长灵活且呈“乙”字形大弯曲，可摘食 2 米高的枝叶；上唇分裂，伸展成锥形，启动灵敏，便于采食矮草嫩叶。此外，骆驼还能辨识路途，嗅知 10 千米外的水源。

饲养和繁殖　骆驼终年放牧。冬春宿营地应选择牧草丰富、避风向阳的低凹干燥处所；夏秋抓膘蓄脂，应选择地势高、干燥凉爽、接近水源、牧草茂盛的草场。3 月份开始产羔，2～3 岁时穿鼻，3 岁开始调教，3～5 岁去势。每年 2～3 月剪取长毛，3～6 月随脱毛而收取被毛。

母驼初配年龄为 4～5 岁，公驼为 5～6 岁，繁殖年限均在 20 年以上。性活动有季节性。交配后 32 ～ 48 小时排卵。公驼进入发情季节时口吐白沫，喉中有“吭吭”声音，枕腺分泌物增多，有特殊气味，一时变得消瘦而凶猛。发情时母驼主动接近公驼进行交配。妊娠期平均 13 个月左右。一般 2 年产 1 羔，饲养管理较好时可 3 年产 2 羔。

生产性能和用途　骆驼一般可日行 60 ～ 80 千米，驮重 150 ～ 200 千克时日行 30 ～ 40 千米。短期不给饮食亦不误行。单峰驼的步速较双峰驼快。双峰驼平均年产毛为 5 千克左右，绒毛比例为 80%，绒长 7 ～ 8 厘米，细度 17 ～ 19 微米，弹性良好，净毛率达 70%以上，为纺织工业的优良原料。单峰驼年产毛量为 2 ～ 2.5 千克。在世界许多干旱荒漠地区，骆驼奶是人的食品之一。驼肉蛋白质含量较高，瘦肉多，脂肪少。驼皮轻柔，可用以保暖。居住在西奈半岛上的贝都因人每逢节日常举行骆驼赛跑。中国蒙古族牧民也有赛驼习俗。

狍

偶蹄目鹿科狍属的一种。又称狍子、狍鹿、野羊、野狍。具有典型的端掌骨，第一和第五掌骨末端退化，只留遗迹。体型略大于麂类，体重 25 ～ 45 千克。围绕肛部有一巨大的白色或浅柠檬的色斑，两性均无明显的尾，仅雄性具有几乎分为三枝等长的角，主枝短于头骨。冬季尾呈均一的灰白色至浅棕色，喉部有不定型的白斑，夏毛棕黄色至深棕色。耳背黑色，耳内侧白色或赭黄。幼狍有 3 纵行白斑点，当体重达 11 千克左右时即消失。在欧亚大陆，除最北部和南部的印度外，都有分布。中国有 2 个亚种：中原亚种分布于东北、内蒙古、青海、

河北向南至浙江，西域亚种分布在新疆。栖息在疏林带，多在河谷及缓坡上活动（海拔一般不超2400米），不喜进入密林。由母狍及其后代构成家族群，一般3～5只。晨昏活动，以草、蕈、浆果为食。雄狍仲夏才入群。一雄一雌，7～8月交配。在繁殖期，雄狍追着雌狍转圈跑，地面出现“花环”状足迹。妊娠期4个月。临产前，母狍驱散去年的幼狍，进入密林分娩，幼狍3～6月出生，每胎1～2仔。若每胎产2仔，则出生地点相距10～20米，分别哺乳。出生10日后，母狍带领初生幼狍归群。狍受惊时吠叫。在野生环境中，寿命10～12年，最长可达17年。每年11～12月角脱落，2～3月生茸，4～5月角长成。

山羊

偶蹄目牛科山羊属一种。草食性反刍动物。乳、肉可食用，绒、毛和皮可作工业原料。个别国家（如印度）在交通不便地区用于驮运货物和拉车。驯化开始年代约在8000年以前，是人类最早驯养的动物之一。

生物学特性　不同品种的体格大小相差悬殊，大的体高1米，重100余千克；小的高仅40厘米，重20千克。外形共同特征为：毛粗直，头狭长，角三棱形呈镰刀状弯曲，颌下有长须，颈上多有二肉髯，尾短上翘。公羊有膻味，发情季节尤为明显。嘴尖牙利，口唇薄，能啃食短草和灌木，喜食带苦味的嫩枝和树叶，嗅觉灵敏，对食物先嗅而后采食，好饮流水。善攀登陡坡和悬崖，机灵活泼，比绵羊易于调教。家山羊易退化为野山羊，北非、中东等地均可见有这种野化山羊。

类型和品种　世界上山羊属有6种，品种200多个，除野生种类外，还包括家山羊。家

山羊按生产用途分为以下类型：①乳用山羊。以产乳量高为特点。著名品种有萨能、吐根堡、关中奶山羊等。②毛用山羊。以产毛为主要饲养目的。著名品种为安哥拉山羊。③绒用山羊。其产绒量超过粗毛产量，且绒质好。中国辽宁绒山羊、内蒙古白绒山羊、陕北白绒山羊以及俄罗斯的普里顿山羊都是著名品种。④裘皮山羊。中国的中卫山羊是世界上唯一的裘皮山羊品种。⑤羔皮山羊。出生后 1 ～ 2 日内宰剥皮用。如中国的济宁青山羊、埃塞俄比亚的羔皮山羊等。⑥肉用山羊。以产肉为主要饲养目的，屠宰率高，肉质细嫩，膻味小。主要品种有南非波尔山羊、中国南江山羊、中国的马头山羊等。⑦普通山羊。又称土种山羊。数量最多，分布最广，适应性和生活力很强，但绒、毛、肉、乳的产量均较低，如中国的蒙古山羊、西藏山羊、新疆山羊等近 40 种。

繁殖和饲养　山羊的性成熟比绵羊早，初配年龄因品种和地区而异，一般早熟品种为 6 ～ 8 月龄，晚熟品种 18 月龄左右，母山羊有鸣叫、摆尾等明显的发情征状。发情持续期 1 ～ 2 天，发情周期 18 ～ 20 天。大多数品种在秋、冬发情配种。但有些品种，特别是分布在低纬度地区的能常年发情，两年三产或一年两产。妊娠期 146 ～ 150 天。产羔率一般在 200% 左右，初产母羊多产单羔，第二胎后则常产双羔或三羔。

山羊已从放牧饲养逐渐转为在牧区以放牧与舍饲相结合；在农区以舍饲为主，大量的农作物秸秆是山羊粗饲料的主要来源。种公羊、妊娠后期和哺乳的母羊酌量补饲精料。耐热，但畏寒风和冷雨，须注意防寒避雨。不作种用的公羔生后半个月左右去势。

[三、 灵长目]

长鼻猴

栖息在婆罗洲多沼泽的红树林地带。尾长，树栖。红褐色，腹部灰白。雄性的鼻长而悬垂，雌性的较小，幼体的鼻朝上翘。雄性体长 56 ～ 72 厘米，尾长 66 ～ 75 厘米，体重 12 ～ 24 千克；雌体较小而轻。约 20 只成一群，昼行性，食植物。妊娠期约 166 天，全年都能生育，每胎 1 仔，幼仔脸部蓝色。因其栖息地受破坏，虽受政府保护，数量也正在减少。

长臂猿

灵长目长臂猿科唯一的属。共 14 种。在类人猿（包括黑猩猩、大猩猩、猩猩和长臂猿）中体型最小，属于小型类人猿；而前三个属为大型类人猿。因臂特别长（两臂平伸宽达 1.8 米）而得名。体长 42 ～ 89 厘米，无尾，体重 4 ～ 15 千克。直立高不超过 0.9 米；腿短，手掌比脚掌长，手指关节也长；身体纤细，肩宽而臀部窄；有较长的犬齿。臀部有胼胝，无尾和颊囊。不同性别、年龄的毛色有很大变异。雄猿一般为黑、棕或褐色；雌猿或幼猿色浅，为棕黄、金黄、乳白或银灰色。白掌长臂猿的手和脚及脸周围为白色；白眉长臂猿的眉脊有白色的眉毛；黑长臂猿有的亚种冠毛直立，有的两颊具白斑。

长臂猿栖息于热带雨林和亚热带季雨林，树栖。白天活动。善于利用双臂交替摆动，手指弯曲呈钩，轻握树枝将身体抛出，腾空悠荡前进，一跃可达 10 余米，速度很快。在地面或在悬空的藤蔓上行走时，双臂上举以保持平衡。结群生活，每群包括一对雌雄及其子女，一般 2 ～ 6 只，最多 13 只。子女性成熟后，就离

群独自谋生。每群占有一定领域，他群不得侵入。食物以水果为主，也吃树叶、花和小鸟、鸟蛋或昆虫等动物性食物。喉部有音囊，善鸣叫，不同种类的叫声差别很大。每日清晨从喉部音囊发出响亮的声音。鸣叫的声音因种而异，鸣叫时大多由一只带头，群体共呼应，过数分钟停止。妊娠期7个月左右，每胎产1仔。

长臂猿主要分布在东南亚，包括中国华南、缅甸直到马来西亚和印度尼西亚大部岛屿的热带雨林。中国云南分布有黑长臂猿；海南岛有世界上最濒危的灵长类海南长臂猿，曾经作为黑长臂猿的1个亚种，为中国特有种；云南特有白眉长臂猿和白掌长臂猿。长臂猿数量均十分稀少，已濒临绝灭。

长臂猿的化石在华南和印度尼西亚中更新世以来的地层多有发现，它们与现生长臂猿在形态上和地理分布上都十分接近。但第三纪与长臂猿起源有关的化石过去主要发现在非洲和欧洲，于是过去一般认为现生长臂猿是由埃及早渐新世法雍层的原上猿经由东非中新世的湖猿或欧洲中新世的上猿进化而来。又有学者把一种湖猿定为树猿，并认为它处于通往现代长臂猿的系统位置上。由于在中国江苏泗洪发现中新世的醉猿和在云南禄丰发现晚中新世的池猿，在亚洲找到了这种亚洲的小型猿类更接近的祖先。

长尾猴

灵长目猴科的一属。约20个种。广泛分布在非洲。身体细长，体态优美，四肢长，四足行走，脸短，体长30～65厘米，尾比体长，但不能卷缠。毛厚而软，许多种沿毛干有两种颜色的纹带相互交替，造成杂色斑驳的效果，极为美观。长尾猴体色通常为浅灰色、微红色、褐色、绿色和黄色等，但均具白色或淡色的醒目斑点。长尾猴是森林树栖动物。家族是基本的群居单位。几个家族在白天可以混群，夜晚各自分开，回到自己喜爱的睡觉区域。有时长尾猴与其他猴类混在一起。吃树叶、果实和植物其他部分，也可能吃昆虫或其他小动物。有几种，如黑长尾猴、勒斯特氏长尾猴（又称乌干达长尾猴）以及青猴（又称冠猴、温顺长尾猴）会毁坏庄稼。长尾猴似乎全年都能生育，妊娠期约7个月，每胎1仔。有很多种可被驯养。生命力强，活泼，脾气好，会向观众做鬼脸，故为最好的动物园猴类之一。在精心饲养下，寿命可超过 20 ～ 30 年。黑长尾猴、白尾长尾猴和绿猴在地面活动，有时统称为稀树草原猴。栖息在热带草原及其附近，毛色浅绿，腹部淡黄色或白色，脸部黑色。白尾长尾猴有一条浅白色眉带一直伸展至朝后倾斜的白色颊须中，尾端有一簇白毛。黑长尾猴的颊须较短，掌、脚和尾尖均黑。绿猴具黄色颊须，浅灰色的掌、脚以及黄色、黑色的尾。几种长尾猴鼻上有几片色彩对比鲜明的短毛。斑鼻长尾猴（白鼻长尾猴、灰鼻猴）是非洲西部一种常见动物，毛色黑有灰斑，鼻上有一浅黄色卵形斑点。长有鼻斑的种中还有小斑鼻长尾猴和红尾长尾猴，具有白色的心形鼻斑。

大猩猩

灵长目猿猴亚目人科一属。属于猿类。包括两种，即西非大猩猩和东非大猩猩；二者各有两个亚种。灵长类中体型最大的种，站立时高 1.3 ～ 1.8 米。雄性比雌性体大；雄性体重 140 ～ 275 千克，雌性 70 ～ 120 千克。前肢比后肢长，两臂左右平伸可达 2 ～ 2.75 米。无尾，吻短，眼小，鼻孔大。犬齿特别发达，齿式与人类相同。体毛粗硬、灰黑色，毛基黑褐色。成年雄性腰背部为银白色，臀部灰色。老年雄性的背部变为银灰色，胸部无毛。

大猩猩分布于赤道非洲。栖息于热带林区，结群，每群 3 ～ 21 只，甚至多至 40 只。每晚利用不食用的植物在地上筑一个简单的巢睡觉，有时雌性大猩猩和幼仔睡在树上。主要在地面活动，上树是为看路、觅食或睡觉。能发出大声咆哮，在发怒或威胁挑战时，双手捶打胸部，这只是一种虚张声势的恐吓行为。群与群之间很少发生厮杀。食量很大，每天觅食 6 ～ 8 小时，主要吃植物嫩芽、茎、叶、花、根、果，以及少量动物性食物。妊娠期 237 ～ 285 天，每胎产 1 仔，寿命 40 ～ 50 年。

西非大猩猩分布于非洲尼日利亚至刚果（金）、喀麦隆和加蓬等地；东非大猩猩又称山地大猩猩，分布于非洲的乌干达、卢旺达和刚果（金）等地。有观点认为大猩猩的起源与在肯尼亚发现的原康修尔猿大型种有关。

狒狒

灵长目猿猴亚目猴科一属。主要分布于非洲，个别种类也见于阿拉伯半岛。共 5 种。灵长类中仅次于猩猩的大型猴类。体长 50 ～ 110 厘米，尾长 32 ～ 84 厘米，体重 11 ～ 38 千克；头部粗长，吻部突出，耳小，眉弓突出，眼深陷，犬齿长而尖，具颊囊；体型粗壮，4 肢等长，短而粗，适应于地面活动；臀部有色彩鲜艳的胼胝；毛黄、黄褐、绿褐至褐色，一般尾部毛色较深；毛粗糙，颜面部和耳上生有短毛，雄性的颜面周围、颈部、肩部有长毛，雌性则较短。

狒狒栖息于热带雨林、稀树草原、半荒漠草原和高原山地，更喜生活于较开阔多岩石的低山丘陵、平原或峡谷峭壁中。主要在地面活动，也爬到树上睡觉或寻找食物。善游泳。叫声很大。白天活动，夜间栖于大树枝或岩洞中。食物包括蛴螬、昆虫、蝎子、鸟蛋、小型脊椎动物及植物。通常中午饮水。结群生活，每群十几只至百余只，也有两三百只的大群；群体由老年健壮的雄性率领，内有专门瞭望者负责警告敌害的来临。退却时，首先是雌性和幼体，雄性在后面保护，发出威吓的吼叫声，甚至反击；因力大且勇猛，能给来犯者造成威胁。主要天敌是豹。无固定繁殖季节，5～6月为高峰，妊娠期165～193天，每胎产1仔。寿命30～45年。

蜂猴

灵长目原猴亚目懒猴科蜂猴属的一种。因白天蜷缩睡觉，行动缓慢，不如一般猴类活泼，且只能爬行，不会跳跃，又称懒猴。蜂猴分为三个亚种。分布于东南亚。在中国主要分布于云南和广西，数量稀少，濒临绝灭，已成为国家一级保护动物。

蜂猴体型小，体长26～38厘米，体重1195～1207克；尾长13～25毫米；牙齿36枚；头圆，吻短，眼大而向前，眼间距很窄，耳廓半圆而朝前；前后肢短粗且等长，手的大拇指和其他4指相距的角度甚大，第2指、趾极短或退化，除第2趾是爪形外，其他指、趾的末端有厚的肉垫和扁指甲；体毛短密，颜色变异大，背部棕、棕红或灰色，背中央有一条褐色纵纹，至尾基部逐渐变窄，色泽变浅，至头顶分成两岔延到耳端及眼周围，腹面棕色。

蜂猴栖息在热带或亚热带的密林中，白天蜷伏在树洞等隐蔽地方睡觉，夜晚外出觅食，吃野果、嫩芽、可可、昆虫，善于在夜间捕食熟睡的小鸟，喜食鸟蛋。很少到地面活动。全年发情，发情周期为29～45天，妊娠期191天，一般冬季产仔，每胎产1仔，多在夜间分娩。

黑猩猩属

灵长目猿猴亚目人科的一属。包括黑猩猩和倭黑猩猩2种，前者还有4个亚种。体长70～96厘米，站立时高1～1.7米，体重雄性39～60千克，雌性

31～47千克。身体被毛较短，黑色，通常黑猩猩未成年个体和倭黑猩猩臀部有一白斑，面部灰褐色或灰黑色，手和脚灰色并覆以稀疏黑毛。幼黑猩猩的鼻、耳、手和脚均为肉色。耳朵大，向两旁突出，眼窝深凹，眉骨高，头顶毛发向后。手长24厘米。犬齿发达，齿式与人类相同。无尾。

黑猩猩分布在非洲中部，向西分布到几内亚。倭黑猩猩分布在刚果河以南的刚果（金）。栖息于热带雨林，集群生活，每群2～30只，多可达到百余只，由一只成年雄性率领。食量很大，每天要用5～6个小时觅食，吃水果、树叶、根茎、花、种子和树皮，有些个体经常吃昆虫、鸟蛋或捕捉小羚羊、小狒狒和猴子，雄性获得的猎物允许群内成员共享。善于将草秆捅进白蚁穴内，待白蚁爬满后抽出，抿进嘴里吃掉。在树上建造简单的巢，只用一夜即转移他处。较大猩猩更近于树栖，也能用略弯曲的下肢在地面行走。倭黑猩猩的行为与黑猩猩有许多不同，尤其是性行为非常独特，是除人类以外，唯一进行正面交配的灵长类。有一定活动范围，面积22～78公顷，觅食区域往往是它们集中的地点。群与群间有往来。长久保持母子关系，分群后还常回群探母。有午休习性。妊娠期240天，每胎1仔，哺乳期一两年，有的可达5年，性成熟约14岁。寿命40～53年。

能辨别不同颜色和发出30余种不同意义的叫声。能使用简单工具，是已知仅次于人类的最聪慧的动物之一，其生理、高级神经活动、亲缘关系和行为都最接近人类，所以在人类学研究上有重大意义。

恒河猴

灵长目猿猴亚目猴科猕猴属的一种。又称猕猴。有6个亚种。体毛棕色，

面部和臀部红色，腹侧淡棕色，头顶的毛发短。体长 47 ～ 64 厘米，尾长 18 ～ 32 厘米，体重 4 ～ 11 千克。四肢基本等长，行动灵活。恒河猴是重要的实验动物，为人类的医学事业贡献极大，也是著名的观赏动物。

恒河猴分布于阿富汗、印度至泰国和中国南部。栖息于干旱落叶林、落叶混交林、温带针阔混合林、热带森林和湿地，分布范围从海平面至海拔 3000 米的地区，水是其分布的限制因素。恒河猴在整个灵长类中是适应性最强的种类之一。集群生活，社群结构为多雄多雌，每群 10 ～ 50 只，大群可达 90 只。取食水果、种子、树叶、树胶、芽、草、根、树皮等，以及小型无脊椎动物。由于原始栖息地被破坏，还取食农作物。妊娠期 164 天，通常每胎产 1 仔。雌性鲜艳的红色臀部性皮肤显示其发情期。

节尾猴

灵长目猿猴亚目卷尾猴科狨亚科唯一属种。因尾基部有 2 ～ 3 个浅棕色环得名。体型略大于松鼠，体长 18 ～ 24 厘米，尾比身体长，为 25 ～ 32 厘米，体重 400 ～ 540 克；头圆，吻部略突出，耳大而圆，且为膜质无毛；全身的毛光滑柔软且密，黑色闪亮，头、颈至肩的毛较长，臀部的毛亦长可遮盖尾的基部，尾毛蓬松；前肢略短于后肢，除大脚趾上为扁平趾甲外，其余指、趾均具爪状指（趾）甲。

节尾猴分布于巴西西部、秘鲁东部、玻利维亚北部，是一种稀有的小型猴类。生活于亚马孙河上游海拔 185 ～ 615 米的热带雨林中，在树的中层成群活动，每群 20 ～ 30 只。白天行动敏捷。主要吃果实、叶子、昆虫、鸟蛋或小型脊椎动物。妊娠期 150 ～ 165 天，每胎产 1 仔。

金丝猴

灵长目猴科的一属。中国特产动物。因全身被金黄色长毛得名；又因鼻骨极度退化而形成上仰的鼻孔，故又称仰鼻猴。吻部突出，脸部皮肤蓝色。头圆耳短。体长 50 ～ 83 厘米，尾长 51 ～ 104 厘米，雄性体重 15 ～ 20 千克，雌猴较小，

体重8～10千克。雄猴犬齿发达，牙齿32枚。体型魁梧，四肢粗壮，是猴类中体型较大的类型。共有4种，其中川金丝猴毛色最艳丽，成年雄猴头顶上有褐色直立的冠状毛，两耳丛毛乳黄色，眉骨处生有稀疏的黑色长毛；两颊棕红，体背的绒毛为黑褐色，从颈后至臀部披有金黄色长毛，最长可达60厘米；金黄色长毛亦出现在上肢的外侧，远远望去酷似披着一件金色斗篷。另外，还有分布在贵州梵净山的黔金丝猴、云南西北与西藏接壤处的滇金丝猴以及分布在越南北部的越南金丝猴。

金丝猴多数时间树栖，适于生活在湿冷的环境，不畏严寒而惧酷暑，出没于海拔2000～3600米的树林。集群生活，每群数十只至数百只。主要吃树叶、嫩枝、花果、树皮、树根、树衣及松萝，亦食昆虫和鸟蛋。妊娠期180～210天，每胎产1仔。

猕猴

灵长目猿猴亚目猴科一属。约有20种。主要分布在亚洲东部、南部及其岛屿，以及非洲大陆北缘。体型变化大，体长34～75厘米，体重可达18千克；有的几乎无尾，有的尾长达68厘米；有颊囊；体毛大部分为一种颜色，或黑，或褐，或灰棕色，腹侧毛色较淡；头顶毛发有的很短，形似平顶。有的较长，从头顶中央分别倒向两边，或者从头顶中央呈放射状旋向四周，也有的形成孤立的一块，像一顶小帽。四肢几乎等长。

栖息于热带雨林和亚热带季雨林，也有的生活于温带的针阔叶混交林。树栖、地栖或居住在多岩石地区。取食植物的花、果、叶、芽和树皮、草根等，亦食昆虫和甲壳类，喜食小鸟和鸟蛋。集群生活，每群 10 ～ 70 只，由 1 只或几只成年雄猴率领。猕猴群体中存在严格的等级序位。5 岁左右性成熟，妊娠期约 6 个月，北方种类 4 ～ 5 月产仔，在热带地区全年繁殖。每胎 1 仔。白天活动，夜晚蹲坐在大树横枝上、岩壁上或石洞中睡觉。日本猴是现生非人灵长类动物分布纬度最北的种。分布于中国的有猕猴、熊猴、豚尾猴、短尾猴、藏猕猴和台湾猴，其中台湾猴是中国特有种。

狨

灵长目狨亚科动物的统称。又称绢毛猴、柽柳猴。分布南美洲热带雨林或热带森林草原。共 4 属约 42 种。体型似松鼠或略大，体长 13 ～ 37 厘米，尾长 15 ～ 42 厘米，体重 70 ～ 1000 克；头、脸的模样似哈巴狗或狮子头，有的具白色长须；头圆，耳大而裸露或仅有稀疏的毛；体被毛，丝绒状，色泽多样；尾长，末端多具长毛；仅大脚趾具扁甲，其余各指、趾均为爪状的尖爪；后肢比前肢长，牙齿 32 枚。

狨栖于树冠上层，很少到地面活动。吃植物的果实、嫩叶、嫩芽等植物性食物，也食昆虫、蜘蛛、蛙类、小蜥蜴、鸟卵等动物性食物，有些种类用手收集到食物后，并不直接送到嘴里，而是用嘴去捡食。视觉敏锐，听、嗅觉次之。白天活动，夜晚睡在树洞里。以家族形式结成 3 ～ 12 只群体。好动，性机警。休息时，肚皮贴在树干上，有时以手的尖爪刺进树皮以支撑身体。双亲共同哺育幼子，交换着背或抱。妊娠期 130 ～ 160 天，通常每胎产 2 仔。哺乳期 42 ～ 84 天。

狨自 20 世纪 60 年代末首先被用于人类营养学研究，随后被广泛应用于生命科学的其他科研领域，是重要的医学实验动物。野外种群数量稀少，应严加保护。狨的主要种类如下。

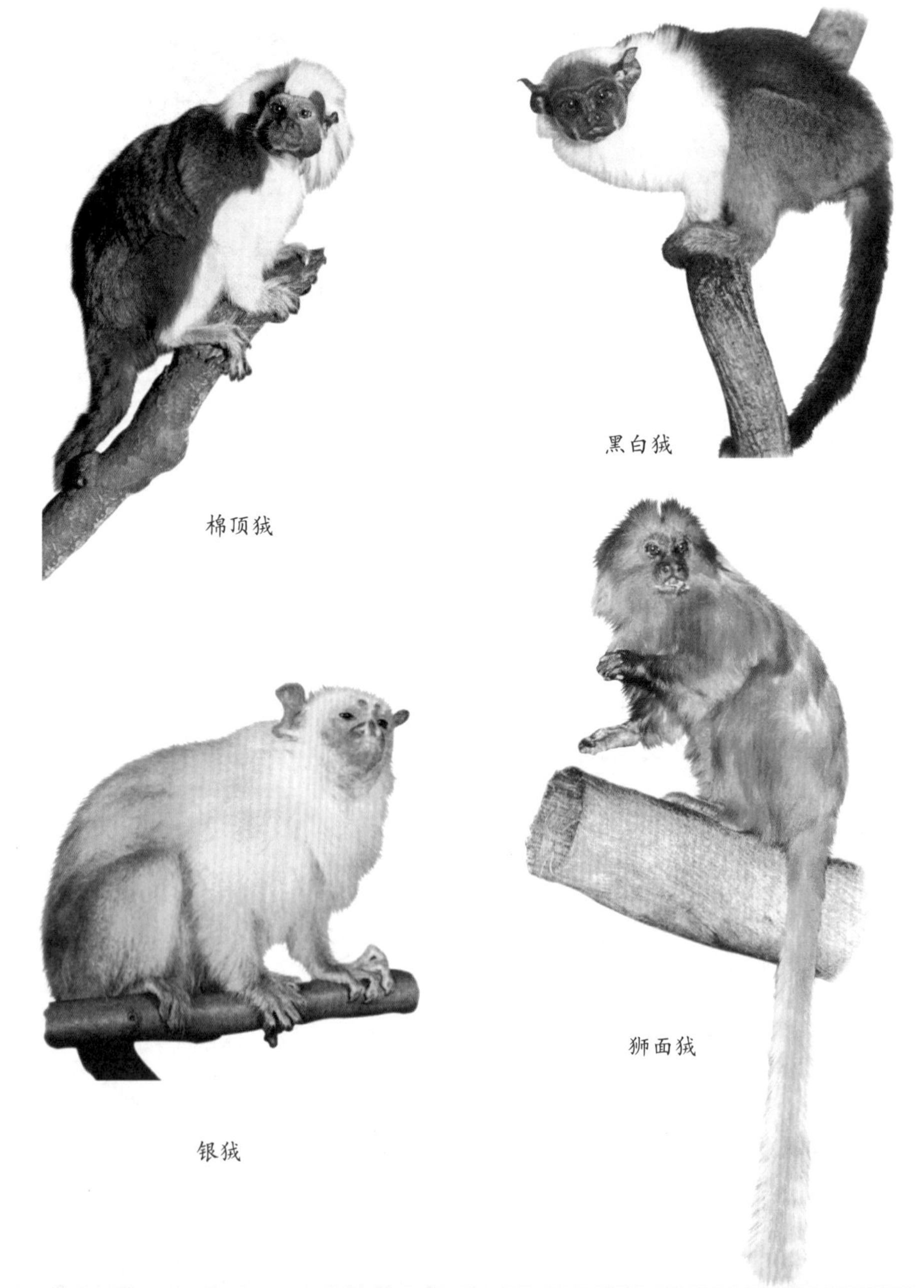

黑白狨

棉顶狨

狮面狨

银狨

猩猩

灵长目猿猴亚目人科猩猩亚科一属。包括2种，即婆罗洲猩猩和苏门答腊猩猩，前者还有3个亚种。在灵长类动物中，体型仅次于大猩猩，雄性比雌性大，雄性体长0.97～1.25米，雌性0.78～0.86米；雄性体重75～100千克，雌性37～80千克；两臂很长，张开宽达2.3～2.4米，站立时双臂下垂可达脚踝部；腿短，且不如臂粗壮；体毛稀疏，暗红褐色，肩和背部有20余厘米长毛；前额突出，嘴突出，唇薄，眼、耳、鼻均小，眼间距较窄；成年雄性的脸侧具有叶状的厚肉垫，在肉叶下面有一气囊，它与喉部相连，充气后鼓起很大，发声时起共鸣作用；有的颏下有胡子；手脚窄长，臂和手粗壮有力，手长约28厘米，脚长约32厘米；犬齿发达，牙齿32枚，齿式与人类同。猩猩无尾。

猩猩分布于印度尼西亚的婆罗洲、加里曼丹和苏门答腊等地。猩猩亚科中唯一分布在亚洲的种类，分布区狭小，数量不多。栖息于热带雨林，雄性单独生活，雌性单独生活或与小猩猩在一起。白天活动，大部分时间用于觅食，吃果实、嫩芽、树叶树皮、花和动物性食物，包括鸟蛋、幼鸟、甲壳类、小型哺乳动物和白蚁等。活动不如猴类迅速敏捷，以手脚交替抓握树枝移动身体。能在地面直立行走，但要靠拳指支撑，腰不能直立。臂力强大，除虎、豹外，无其他天敌。每晚在距地面8～12米的树杈上用树枝架窝，上面覆以树叶，夜晚睡在树上。平时性温驯，发怒时很可怕。雨天使用大树叶遮盖身体或建造掩蔽处躲雨。妊娠期223～267天，每胎产1仔，寿命25～58年。

眼镜猴

灵长目眼镜猴科唯一的现生属。又称跗猴。约有7种。体型较小，体长9～15厘米，尾长20～24厘米，体重75～134克；颜面圆形，吻短；眼睛几乎占据了整个面部，其直径约有1.7厘米，与猫头鹰眼相似；鼻区有少量短毛；耳朵也很大，适于夜间活动；头可以向后转180°，身体不动就能看到背后；前臂和后肢很长，在指、趾端有像树蛙一样的圆球形软垫，第2、3趾端为钩形爪，其余各指、趾端是扁平的指（趾）甲；牙齿34枚；雌性具双角子宫，胸腹各有1对乳头；体毛短，绒厚，黄褐色略发灰，腹侧色淡。

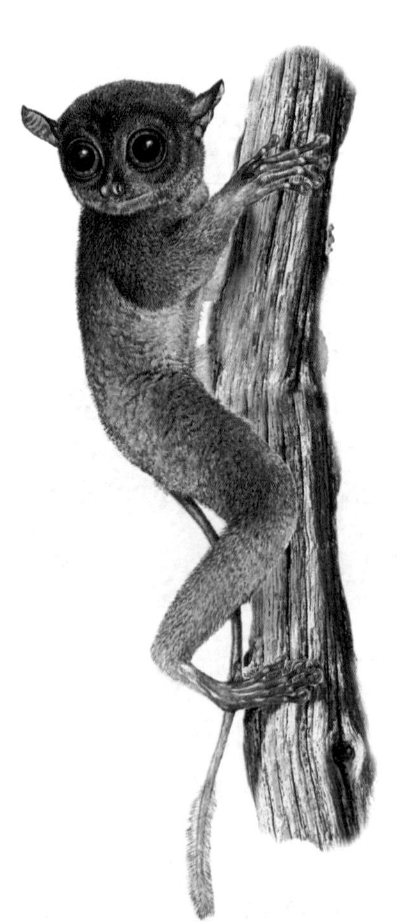

眼镜猴分布在印度尼西亚的苏拉维西、苏门答腊东部、加里曼丹和菲律宾。栖息于热带、亚热带沿海的森林，垂直分布可由海平面到1200米。夜间活动。主要吃昆虫、蜘蛛、蜥蜴等小动物，也吃果实。在树枝间跳跃可达1.2～1.7米，向上跳高达0.6米，跳跃的姿势像蛙。天敌是猫头鹰。单独或1～4只同栖。妊娠期约6个月，每胎产1仔。

有学者认为眼镜猴与原猴类存在许多差别，应属于猿猴类。也有学者认为第三纪原猴与眼镜猴有共同的直接祖先，或者把眼镜猴视为从原猴类向猿类进化的过渡类型。还有学者认为它们是高度特化的种类。但据血清分析，眼镜猴与猴类的关系比与原猴类的关系更近。

叶猴

灵长目猿猴亚目猴科疣猴亚科的一组动物的统称。包括长尾叶猴属、乌叶猴属和叶猴属。约有35种。因以吃树叶为主得名。分布于印度、斯里兰卡、尼泊尔、巴基斯坦，以及中国西南部、西藏南部，还有克什米尔地区。亚洲东南部、中南半岛及苏门答腊、爪哇、加里曼丹等地也有分布。尾很长，适于树栖；体型纤细，无颊囊。体长40～78厘米，尾长59～101厘米，体重5～20千克；分布于亚洲东南部。长尾叶猴个体最大，雄性体重可达20千克，雌性16千克左右。各种叶猴的毛色基本是通体一致，有黑、褐、灰三色，腹侧色浅。有些种眉弓处的毛黑而粗，有的种头顶有脊状毛冠，或在头顶、两颊、臀部有浅色块斑。头小而圆，耳大裸露。面部皮肤深灰或黑色，有的在唇部、眼圈具白色皮肤。臀部有胼胝。

叶猴栖息在热带或亚热带的树林里，特别喜欢在高大的树上活动，有时也到地面饮水或寻找食物。在树间跳跃，距离可达10～12米。紫脸叶猴跳跃时速达37千米。白天活动，夜晚睡在大树上，没有窝。中国广西的黑叶猴，又称乌猿，冬季常在石灰岩洞中过夜，每天有相当长的时间在岩石上活动。长尾叶猴有季节性垂直迁移现象。结群生活，少则数只，多则数十只，由一只成年雄猴率领。中国云南南部的菲氏叶猴多结成70只左右的大群。叶猴多在清晨和傍晚觅食树叶、花及竹笋，亦食野果。生育期多在春季，妊娠期6个月，每胎产1仔。

中国的各种叶猴数量稀少，濒于灭绝。

婴猴

灵长目原猴亚目婴猴科的一属。因大多数体型很小得名。约15种。分布于非洲中南部。模式种婴猴体长仅13～21厘米，其他种类体长不超过38厘米，

尾长19～30厘米，体重193～210克。外貌似松鼠；眼大；耳大，为膜质，活动时直立，休息时能像扇子一样倒伏；被毛细软而密，无光泽，灰棕至褐色，腹面略浅淡；后肢比前肢长而粗壮，足很长，指、趾的末端有大软垫，适于在表面光滑的物体上爬行，具扁的指、趾甲；颈部非常灵活，能向后回转180°；胸腹部各有1对乳头。

婴猴生活于热带雨林、稀树草原和灌丛草地中。树栖，夜间活动。行动敏捷，善于跳跃，一跃可达3～5米。白天在树枝或树洞中休息，有时亦住在废弃的鸟巢中。集小群取食植物的花果、种子、树胶，以及较大体型的动物性食物，如昆虫（特别喜食蝗虫）、蜗牛、树蛙等，较大型种类也吃蜥蜴和鸟蛋，甚至能捕捉飞鸟和鼠类。没有固定繁殖季节，但多在10月至翌年2月间产仔，妊娠期121～142天，每胎产1～2仔。

婴猴在形态上与懒猴有某些共同之处，曾被列入懒猴科。

指猴

灵长目原猴亚目指猴科的唯一种。此属亦是此科的唯一属。最大的夜行性灵长类。因指和趾长（中指特长）得名。体型像大老鼠，体长36～44厘米，尾长50～60厘米，体重2.5～2.8千克；体毛粗长，深褐至黑色，有白色毛梢，脸和腹部毛基白色，颈部毛特长有白尖；尾长，尾毛蓬松浓密，形似扫帚，毛长达10厘米，黑或灰色；体纤细；头大吻钝；耳朵非常大，膜质，黑色；除大拇指和大

脚趾是扁甲外，其他指、趾具尖爪；四肢短，腿比臂长。牙齿结构像鼠，与啮齿动物一样门齿可以终生生长。

指猴分布于马达加斯加东部沿海森林。栖息于热带雨林或干旱森林的大树枝或树干上，在树洞或树杈上筑球形巢。单独或成对生活，夜间活动。喜食昆虫、种子、水果、花蜜，也吃甘蔗、杧果、可可。取食时常用其延长的中指敲击树皮，判断有无空洞，然后贴耳细听，如有虫响，则利用特殊的牙齿啃咬树木将树皮啮一小洞，再用中指将虫钩出；吃浆果时也是用中指将水果抠一个洞，从中挖出果肉。妊娠期172天，2～3月产仔，每胎1仔。由于指猴的体型似大老鼠，跳跃的姿势像袋鼠，取食方式又极特殊，曾被列为松鼠或跳鼠一类，甚至另立一目。现今数量已极为稀少。

[四、长鼻目]

亚洲象和非洲象

亚洲象历史上曾广布于中国长江以南地区、南亚和东南亚，现分布范围已缩小，主要产于印度、泰国、柬埔寨、越南等国。中国云南省西双版纳地区也有小的野生种群。非洲象则广泛分布于非洲大陆。主要外部特征为柔韧而肌肉发达的长鼻，具缠卷的功能，是象自卫和取食的有力工具。象肩高约2米，体重3～7吨。头大，耳大如扇。四肢粗大如圆柱，支持巨大身体，膝关节不能自由伸曲。鼻长几乎与体长相等，呈圆筒状，伸屈自如；鼻孔开口在末端，鼻尖部有指状突起，能捡拾细物。上颌具1对发达门齿，终生生长，非洲象门齿可长达3.3米，亚洲

象雌性长牙不外露；上、下颌每侧均具6个颊齿，自前向后依次生长，具高齿冠，结构复杂。每足5趾，但第1、第5趾发育不全。被毛稀疏，体色浅灰褐色。雌象妊娠期长达600多天，一般每胎1仔。非洲象长鼻末端有2个指状突起，亚洲象仅具1个；非洲象耳大、体型较大，亚洲象耳小、身体较小和较轻。象栖息于多种生境，尤喜丛林、草原和河谷地带。群居，雄兽偶有独栖。以植物为食，食量极大，每日食量225千克以上。寿命约80年。一些象已被人类驯养，视为家畜，可供骑乘或服劳役。象牙一直被作为名贵的雕刻材料，价格昂贵，故象遭到大肆滥捕，数量急剧下降。

据2006年调查报道，中国亚洲象野外生存的总数214～254头，仅分布于云南西双版纳、思茅市（今普洱市）和临沧市一带；2000年亚洲分布区的总数估计为35000～50000头，属于濒危物种。1981年估算，全非洲的非洲象数量约100万头以上，但此后仍每年被大量猎杀，至今生存在野外的只有不到50万头。鉴此，亚洲象被《濒危野生动植物物种国际贸易公约》(CITES)列入附录Ⅰ，非洲象除博茨瓦纳、纳米比亚、南非和津巴布韦的种群被列为公约附录Ⅱ，其他所有种群都被列入附录I。此外，中国境内的亚洲象还被划为国家一级重点保护动物。

剑齿象

长鼻目真象科剑齿象亚科已绝灭的一属。这一类象的头骨比真象略长，腿也长，上颌的象牙既长且大，向上弯曲；下颌短，没有象牙；颊齿齿冠较低，断面呈屋脊形的齿脊数目逐渐增加；晚期进步的剑齿象，第三臼齿齿脊数多达

10 条以上。

最早的剑齿象出现于距今约 1000 万年前的中新世晚期，最晚可以生存到距今 1 万多年前的晚更新世。它的地理分布仅限于亚洲和非洲。中国的剑齿象化石非常多，种的数目也比较多。北方最常见的种是师氏剑齿象，南方常见的是东方剑齿象。师氏剑齿象是一种特大型的剑齿象，在甘肃发现过它的完整骨架，身躯远远大于现生的两种象。东方剑齿象相对比较小，它是大熊猫－剑齿象动物群的重要成员，在华南洞穴中很容易见到它的化石。

猛犸象

长鼻目真象科已绝灭的一属。“猛犸”乃沿用日本人的译名。广义的猛犸一度曾包括平额象、南方象等许多早期原始的真象，其中有一些类型与现生的印度象和非洲象系统关系非常近。

狭义的猛犸象又名毛象，是一种适应于寒冷气候的动物。在更新世，它广泛分布于包括中国东北部在内的北半球寒带地区。这种动物身躯高大，体披长毛，一对长而粗壮的象牙强烈向上弯曲并向后旋卷。它的头骨短，顶脊非常高，上下颌和齿槽深。臼齿齿板排列紧密，数目很多，第三臼齿最多可以有 30 片齿板。

猛犸象曾是石器时代人类的重要狩猎对象，在欧洲的许多洞穴遗址的洞壁上，常常可以看到早期人类绘制它的图像，这种动物一直活到几千年以前，在阿拉斯加和西伯利亚的冻土和冰层里，曾多次发现这种动物冷冻的尸体。

[五、啮齿目]

啮齿动物

哺乳纲啮齿目动物的统称。共同特征是上下颌只有一对门齿，喜啃咬较坚硬的物体；门齿仅唇面覆以光滑而坚硬的珐琅质，磨损后始终呈锐利的凿状；门齿无根，能终生生长。均无犬齿，门齿与颊齿间有很大的齿隙。下颌关节突与颅骨的关节窝联结比较松弛，既可前后移动，又能左右错动，既能压碎食物，又能碾磨植物纤维。听泡较发达，盲肠较粗大。雌性具双角子宫，雄性的睾丸在非繁殖期间萎缩并隐于腹腔内。本目种数占哺乳动物的40%～50%，个体数量远远超过其他全部类群数量的总和。形态和生活习性差别很大。

形态　最古老的啮齿动物化石发现于北美洲的古新世地层中。经漫长的进化历史，特别是新近纪和第四纪早期两次大分化，啮齿目动物在形态上已极为多样化。它们的体型相差悬殊：一只肥尾心颅跳鼠的体长仅在4.1～5.4厘米，体重约10克；非洲巢鼠的体长5.7厘米，体重仅5克左右；而水豚的体长可达1.3米，高0.5米，体重达50千克。多数种类的体长在10～20厘米之间，体重100克以下。兔尾鼠属没有外尾，蹶鼠属等的尾则为体长的1.5倍或更长。许多鼠科种类的尾几乎无毛，环状鳞片清晰可见；而松鼠科种类的尾又粗又大，河狸的尾尤为特殊，上下扁并覆以大型鳞片。毛色差异更大，许多种类的体色比较单调，但一些种类则毛色艳丽，有的各部位毛色截然不同，有的在头部或体背具有斑点或各种条纹。覆毛的硬度、长度和密度也有许多不同。

栖息环境与适应　啮齿类广泛分布全世界（除南极外）。从赤道热带直到极地冻土，从沿海的茂密森林直到大陆腹地的沙漠戈壁，从低于海平面150米的盆地直至海拔4000米以上的高山草甸，从地下或深水中直到高几十米的树冠，处处都有啮齿类存在。它们的形态对各种各样的生活环境达到高度的适应特化。许多种类营穴居生活，在地下挖掘比较复杂的洞道和巢穴。与此相关，它们的体型多短粗，头大颈短，四肢与尾都短，爪粗壮而锐利，肌肉强健。特别像鼢鼠、鼹

形鼠一类主要在地下活动的种类，耳、眼十分退化，前肢的爪和趾非常巨大，具有惊人的挖掘能力。许多营水生生活的种类，能游泳和潜水，体肥大，脂肪层厚，绒毛厚密，不怕冷水浸泡，嘴、鼻、耳常有防水灌入的结构，后脚具蹼，有的沿其边缘还有长毛，在水中起桨的作用。有些种类，如山河狸，尾大而扁，游水时用以掌握航向。开阔景观地区中的种类善奔跑或跳跃，视力和听力都较好，如跳鼠科种类眼大，听泡大，耳壳长，后腿为前腿的 3 ～ 5 倍长，尾也很长，常用甩尾方法在空中改变行进方向。森林或高草丛中种类体型纤细，四肢修长，行动敏捷。面部多须，有利于在林间穿行时躲闪枝叶。树栖松鼠类于树杈间蹿跳时，它们的粗大尾巴起舵的作用，并可减低身体下落的速度。巢鼠、攀鼠等尾细长，并能缠绕植物枝或茎向上攀爬，脚趾末端变粗，脚掌有垫状物，爪弯曲而锐利，均有助于攀树和在枝上奔走。鼯鼠科各种在体侧前后肢间具皮膜，为适于在空中滑翔。

生活习性　多数啮齿类在夜间或晨昏活动，但也有不少种类白昼活动。啮齿类生活的季节性变化比较突出。冬季活动量一般减少，在降雪地区，有些种类于寒冷季节来临之前，在体内储存大量脂肪，供蛰眠期间机体的消耗。由于冬季缺乏食物，一些种类从秋季开始储存脂肪。如草原兔尾鼠在洞口附近堆积干草，并把一部分拉入洞道；仓鼠类往洞中搬粮或草籽，与此相关，它们口中生有临时储放食物的颊囊。生活在中亚沙漠区的细趾黄鼠有夏眠习性。

啮齿动物林区的种类常在树杈上、树洞内或树根下筑巢，而巢鼠在高草的上部做巢。开阔景观中的种类多穴居，挖掘很深而复杂的洞道。有些种类的地面洞口密集，构成洞群。两栖的个别种类在水边筑巢，部分洞口开向水中，河狸修造浮在水面上的巢和水坝。

啮齿动物多数种类取食植物，有些也吃动物性食物。鼹形田鼠的门齿露出唇外，有利于拉咬植物根和地下茎。许多鼠类与仓鼠类的臼齿咀嚼面都有适于碾磨植物种子的结构，有 2 ～ 3 列丘状齿尖；以柏树籽为食的复齿鼯鼠的咀嚼面有很复杂的齿纹；以啃食树木为生的河狸则具有巨大而锋利的门齿和适于压嚼木质的阔臼齿。啮齿类的牙齿数一般不超过 22 枚，但非洲的多齿滨鼠属有 28 枚牙齿，而新几内亚的一齿鼠只有 4 枚门齿和 4 枚臼齿。

繁殖习性 许多种类的繁殖能力都很强。少数种类只在每年春季繁殖 1 窝幼仔，多数于春、夏、秋产 3 窝左右，而褐家鼠和小家鼠在隐蔽条件好、食物充足的情况下终年生殖，每年可产 6～8 窝幼仔。每胎产仔数各不相同，多数为 4～6 仔，多者达 7～8 仔。一些害鼠在数量很低的年份繁殖力显著增强，不但繁殖次数增加，而且每胎产仔数也大大提高，最高达 18 仔。多数种类的妊娠期短，仅 20 天到 1 个月左右。幼鼠生后 20 天左右就能单独寻食，一般 3 个月达性成熟，春季出生的个体能在当年秋季繁殖，但多数幼体于次年春季繁殖，少数大型种类寿命较长，在人工饲养条件下可活 10 年以上，但多数种类的自然寿命为 2 ～ 5 年。

分类 据推测，全世界现存 1590 ～ 2000 种，分属 28 ～ 34 科。有人根据咀嚼器官的结构把啮齿类分为松鼠、豪猪和鼠 3 个亚目，也有人主张划分为山河狸、松鼠、鳞尾松鼠、睡鼠、鼠、豚鼠和豪猪 7 个亚目。在中国，自然分布的有 11 科 62 属约 160 种，人工饲养的有豚鼠科、海狸鼠科、毛丝鼠科的少数种类。

经济意义 啮齿类有的有益，有的有害，有的益害兼有，但总的说来是益少害多。河狸、旱獭、毛丝鼠、海狸鼠、麝鼠等的毛皮曾经都是国际市场上畅销的商品。一些较大型种类（如豪猪等）必须符合国家检疫检验法的相关规定才可食用。啮齿类少数动物可供观赏。一些种类在一定时期也吃少数害虫，它们的粪尿也可增加土壤肥力。几乎各种自然环境中都有某些啮齿类生存，它们以啮食植物为生，同时又是食肉动物赖以生存的条件，因而对保持生态平衡有重要作用，如果没有它们存在，鼬类、貂、狐等许多珍贵的毛皮兽类和其他吃肉的有益动物的数量就会显著下降。大白鼠、小白鼠、豚鼠、金仓鼠、长爪沙鼠等是重要的医学试验动物。

啮齿类对人类的危害是多方面的，由于它们一年四季啃食农作物与草本植物的根、茎、叶、花、果实和种子，以及树皮、树芽、枝叶和树根，给农、牧、林业带来极大危害。它们的挖掘活动使地表的植被遭到破坏。在山坡和丘陵，鼠洞周围的水土流失现象也较严重。在沙质土壤地区，常因草根被啃光而引起土壤沙化。一些家栖鼠类经常咬坏室内的衣物、箱柜、各种设备和贮藏品。仓库中的大量粮、油、糖、肉、蛋类及其加工品被鼠类的粪尿污染，不能食用。时常发生因电线或地下电缆被咬断而影响交通运输，厂矿安全送电和施工，甚至酿成火灾。少数种类在堤坝上挖洞，能造成水库和河坝漏水，威胁水坝安全。许多啮齿类能储存和传播鼠疫、流行性出血热、钩端螺旋体病、森林脑炎、恙虫病、土拉伦等许多种流行性传染病，对人类的生命和健康构成严重的威胁。

化石　最早的啮齿类化石发现于晚古新世。它的起源还不十分清楚。有人认为啮齿目起源于灵长目的更猴类，也有根据跟骨构造怀疑它起源于古肉食类的。但中国发现的古新世化石表明，啮齿类的起源可能和亚洲特有的宽臼兽类，如晓鼠有关。

啮齿类出现后，由于它特有的啮咬能力，战胜了生态相近的一些古哺乳动物，如多瘤齿兽，迅速得到发展。由于它数量多、进化快、齿型复杂、个体小易于保存为化石等特点，使它在世界新生界地层划分对比上占极为重要的地位。

啮齿动物化石包括：①始啮亚目。咬肌起端限于颧弓；门齿釉质层多隐系型；为啮齿目的祖先类型。古新世—现代，以古近纪最多。包括：副鼠科，过去认为是啮齿目的祖先基干，其他各科都由它进化或衍生而来；先松鼠科，始新世时个体小的啮齿类；钟健鼠科，为在亚洲始新统中发现的一类原始鼠类；山河狸科，山河狸现在仍生存在北美，是现生始啮亚目的唯一代表。

②松鼠亚目。渐新世—现代。包括：松鼠科，上颊齿为三尖型，可能由副鼠类直接进化而来，化石相对较少。河狸科，在水边掘巢筑堰的大型啮齿类，耐寒。现生及化石种均限于北半球。渐新世中期出现，新近纪化石极多，为重要的判断时代化石。欧洲第四纪的巨河狸在中国北京周口店等处也有发现。

③鼠形亚目。无前臼齿，臼齿少者仅两个。门齿釉质层多单系型。晚始新世—现代。包括：仓鼠科，啮齿目中最大的一科。自始新世出现后，迅速发展，成为新生代中晚期最重要的化石。分若干亚科，意见不一。仓鼠科又分为：古仓鼠亚科，晚始新世—上新世的古仓鼠，下颌及牙齿原始，分布在全北区，化石众多，近年又被划成 7 个亚科；仓鼠亚科，下颌结构进步，臼齿低冠，中新世—现代；鼢鼠亚科，东北亚特有的穴居较大鼠类，牙齿呈“W”形，中国华北土状堆积中化石极多，为划分地层的重要化石，鼢鼠类可能起源于中国中新世的仓鼠类，如更新仓鼠；田鼠亚科，包括旅鼠等，是世界晚新生代地层中最为重要的分带化石，它起源于后期的古仓鼠类。鼠科，现生的鼠科为世界性分布，最早的鼠科化石——前鼠发现于南亚晚中新世，它可能起源于古仓鼠类。跳鼠（超）科，包括蹶鼠和跳鼠等，多为善跳的干旱荒漠动物。最早发现在欧洲、亚洲、北美洲的渐新世地层，但化石相对较少。它有可能起源于始啮类。

④豪猪亚目。包括南美豪猪和非洲豪猪两个大类（或亚目）及旧大陆豪猪一个地位不定的小科。头骨及下颌均为豪猪型，咬肌穿过大眶下孔，门齿和釉质层全为复系型，颊齿 4 个，脊形齿。南美、非洲两类豪猪都同时出现在早渐新世。由于它们的头骨、咬肌、牙齿都极相似，而地理分布却相隔在大西洋两岸，如何解释这两大类的关系是近年化石啮齿类研究中引起热烈争论的问题。有人认为与大陆漂移有关。当中始新世时南大西洋较窄，有可能乘“天然筏”彼此迁徙。有人认为两类豪猪都起源于北美的副鼠类，分别经亚洲迁入非洲、经中美进入南美

的。还有人认为它们都起源于南亚的面包鼠类而传至非洲、南美的。除上述各亚目外，还有不少化石啮齿类的科或超科分类地位不易确定。较重要者如欧洲始新世—渐新世的兽鼠和非洲的梳趾鼠等。

仓鼠

啮齿目一科。分布于欧亚大陆，中国主要分布于长江以北各省。仓鼠臼齿齿冠具两纵行排列的齿尖，两颊有颊囊，可将食物暂存口内，搬运到洞内贮藏，故又称腮鼠、搬仓。多属中、小型鼠类，体型短粗，体长 5 ～ 28 厘米，体重 30 ～ 1000 克；眼小，耳壳显露毛外，除分布于中亚地区的小仓鼠外，其余种类均具颊囊；尾一般是体长的一半，少数种类（如沙漠小仓鼠）则很短，不及后足的一半；毛色一般为灰色、灰褐或沙褐色，原仓鼠毛色比较鲜艳，背部红褐色，腹部黑，体侧前部有三块白色毛斑。仓鼠广泛栖息于草原、农田、荒漠、山麓及河谷的灌丛，偶尔也进入房舍。洞穴有简单的临时洞，也有较复杂的越冬洞，内有“仓库”、“厕所”和窝，夜间活动。仓鼠主要以植物种子为食，兼吃植物嫩茎和叶，偶尔也吃昆虫，不冬眠。冬季靠吃储存的食物生活。春末开始繁殖，年产 2 ～ 3 胎，每胎 5 ～ 12 仔。寿命约 2 年。中国常见的有大仓鼠、花背仓鼠、长尾仓鼠、灰仓鼠等。仓鼠多是农田害鼠。每一洞穴储粮可达几十千克，常使粮食作物受到很大损失。仓鼠又是许多疾病的传播者，给人畜带来危害。灭仓鼠的方法有：物理灭鼠（利用捕鼠器械）、化学灭鼠（利用胃毒剂、熏蒸剂、绝育剂等化学药剂）、生态控制（防鼠建筑等）。

鼢鼠

啮齿目仓鼠科鼢鼠亚科动物的统称。有 1 属 6 种，分布于中国中部和北部，以及西伯利亚和蒙古。体型粗壮，体长 15 ～ 27 厘米；吻钝，门齿粗大；四肢短粗有力，前足爪特别发达，大于相应的指长，尤以第 3 趾最长，是挖掘洞道的有力工具；眼小，几乎隐于毛内，视觉差，故有瞎老鼠之称；耳壳仅是围绕耳孔的很小皮褶；尾短，略长于后足，被稀疏毛或裸露；毛色因地区而异，从灰色、灰褐色到红色。

鼢鼠为地下生活的鼠类。栖息于森林边缘、草原和农田，在中国青海地区还可栖于海拔 3900 米的高山草甸。昼夜均活动，但白天只限于地下，夜间偶尔到地面寻食。吃植物的根、茎和种子。鼢鼠有贮藏食物的习性。不冬眠。挖掘洞道速度惊人，洞穴构造复杂，长且多分支，总长度可达 100 余米。洞系内有“仓库”、“厕所”等。洞口外有许多排列不规则的土堆，是洞道内挖出的松土堆成，土堆直径 50 ～ 70 厘米，间距 1 ～ 3 米。平时地面无明显的洞口，如洞道遭到破坏，立即用土堵塞洞口，这是它们防御敌害的一种本能。鼢鼠挖洞活动受气候影响显著。3 ～ 9 月繁殖，年产 2 胎，每胎产 1 ～ 8 仔。中国北部常见的为中华鼢鼠。

鼢鼠因贮食和挖掘复杂的洞系，是农牧业害兽之一。在农田中，常使农作物缺苗断垅。在两公顷面积的鼢鼠洞中，曾挖出马铃薯 300 千克。在牧区，除了贮藏大量牧草外，由于从地下推出大量松土，还掩埋大片草场，使产草量减少。

海狸鼠

啮齿目海狸鼠科的单一种。又称河狸鼠、狸獭、沼狸。体型肥大，成体体长 50 ～ 65 厘米，重 5 ～ 10 千克；头大，眼小，耳圆形；尾长约为体长的 2/3，圆棍状，尾鳞裸露，仅有极少数粗尾毛；四肢短，后足5趾，趾间有蹼，游泳时用来划水；体被长毛，绒毛较厚，并有部分针毛；头和背部毛暗褐色，吻部苍白色，腹毛黄褐。海狸鼠为南美与西印度群岛特产。

海狸鼠栖息于水生植物较多的溪流和湖沼地带。善游泳，能潜水，多晨昏活动。喜食各种水草的幼芽、嫩枝叶和根茎，人工饲养中也食白菜、胡萝卜及野草等。全年繁殖，妊娠期130天左右，每年2胎，最多2年5胎，每胎6～8仔，幼鼠6～7个月达性成熟，一般可活5～8年。 海狸鼠的毛皮较珍贵。欧美各国早已开始人工饲养。20世纪60年代中国也引种饲养。

旱獭

啮齿目松鼠科的一属。最大的体长近60厘米，重7.7千克以上。具有一系列适于掘洞穴居的形态特征：体短身粗，无颈，四肢短粗，尾耳皆短，头骨粗壮，眶间部宽而低平，眶上突出，骨脊高起，身体各部肌腱发达有力。体毛短而粗，毛色有地区、季节和年龄变异。约有11种，5种分布在北美洲，6种见于欧亚大陆。中国有3种，栖息于平原、山地的各种草原和高山草甸。集群穴居，挖掘能力甚强，洞道深而复杂，多挖在岩石坡和沟谷灌丛下。从洞中推出的大量沙石堆在洞口附近，形成旱獭丘。白天活动，食草，食量大。取食时，由较老个体坐立在旱獭丘上观望，遇危险即发出尖叫声报警，同类闻声迅速逃回洞中，长时间不再出洞。秋季体内积存大量脂肪，秋后闭洞处蛰眠状态，次年春季3～4月份出洞活动。出蛰后不久即交配繁殖，每年只生1胎，4～6仔。幼獭于第三年性成熟。中国有三种：旱獭（种）、喜马拉雅旱獭和长尾旱獭。旱獭分布在俄罗斯、蒙古和中国新疆的天山、阿尔泰山、内蒙古东部草原和大兴安岭西坡。喜马拉雅旱獭分布在青藏高原及其邻近山区。长尾旱獭仅见于新疆塔里木盆地以西的高山上。旱獭和喜马拉雅旱獭的数量较多，每日啃食大量优良牧草，与牛羊争夺天然牧场，同时又是鼠疫杆菌的储存寄主。

豪猪科

啮齿目一科。分布在非洲、欧洲的地中海沿岸，亚洲西南部、南部和东南部的热带和亚热带森林、草原中。体形肥大，最大者体长达70厘米以上。头小、眼小，四肢短粗；背部与尾部生有长而硬的棘刺，此系防御天敌的重要器官。头骨较细小，颧弓不外扩，而鼻腔却甚膨大。豪猪有20枚齿根很浅的牙齿。共4属12种。中国有2属4种：豪猪属3种，分布在秦岭、长江流域及其以南地区和喜马拉雅山南坡；帚尾豪猪属1种，见于云南、四川和海南等省。

豪猪，又称箭猪，为豪猪科的常见种（有时把豪猪科统称为豪猪、箭猪）。分布于中国陕西南部、长江流域及以南地区，亦见于缅甸、印度和尼泊尔。体型较大，体长60～70厘米，体重10～15千克。全身毛棕褐色、肩部向下整个颈部有条半圆形的白纹。头、四肢及腹部被硬毛。体背前部的棘刺短，向后逐渐变长，臀部棘刺长可达20余厘米，棘刺直径0.6厘米左右，中空，乳白色、中间一段为褐色。平时棘刺贴在身上，遇敌时棘刺竖起，转身以臀向敌，使敌无法接近，并能倒退以刺敌；棘刺易脱落，刺中后有时会留在天敌身上。尾短，仅有体长的15%～20%，平时隐于棘刺之间，尾端硬毛的末端具有膨大的铃形角质物。豪猪栖息于山坡、草地或密林中，它们洞居、夜间活动、并常有一定路线。豪

猪走起路来棘刺相互摩擦有声，以植物根茎、竹笋和野果为食，最喜食瓜果、蔬菜、芭蕉苗和其他农作物。每年繁殖 1 次，每胎 4 仔。豪猪为中国南方山地农区的害兽之一。

河狸科

啮齿目一科。通称河狸，曾称海狸。其历史可追溯到渐新世早期，在约 1000 万年前欧洲生存有巨河狸属，在距今 250 万～ 1 万年在北美生存有大河狸属。现仅存一属，河狸属；两种，河狸与加拿大河狸。加拿大河狸俗称北美河狸。分布于欧、亚和北美洲北部的少数地区。

河狸体肥大，具较厚的脂肪层，身体被覆致密的绒毛，能耐寒，不怕冷水浸泡。四肢短粗，后肢粗壮有力，后足趾间直到爪生有全蹼，适于划水。尾甚大，上下扁平，并覆有角质鳞片，在游水时起舵的作用。眼小，耳孔也小，内有瓣膜，而且外耳能折起，以防水；鼻孔中也有防水灌入的肌肉结构。头骨扁平而坚实，颧弓发达，颧骨特别大，骨脊高起；共有 20 枚牙齿，门齿异常粗大，呈凿状，能咬粗大的树木，臼齿咀嚼面宽阔而具较深的齿沟，便于嚼碎较硬的食物。腹部的腺体能分泌珍贵的香料——河狸香。

中国有河狸一种，体长 7.4 ～ 10 厘米，尾长 30 ～ 38 厘米，宽 12 厘米，成体体重 25 ～ 30 千克；体背毛由土黄棕到暗褐色，腹部毛色较浅；爪很发达，后足第 2 趾旁还生有一个搔痒趾，其端部能上下跷动。

河狸营半水栖生活，主要生活在泰加林和针阔混交林区的水域中。在中国新疆维吾尔自治区北部则栖居在山地草原和荒漠草原中水量较大、两岸生有杨柳树丛的小河两岸或沙洲上。夜间或晨昏活动，善游泳和潜水，能借助爪向上攀爬。主要以阔叶树的枝干、树皮以及芦苇等为食。能用树枝和芦苇营造高出水

面的巢，并用树干和树枝做拦水堤坝，挖掘溢水沟，以防巢被洪水淹没。新疆维吾尔自治区北部的河狸营穴居生活，常在河边的树根下挖洞，既有水中洞口，也有地面洞口。早春发情交配，妊娠期3个半月，雌性每年产1窝，1～5仔，多数为2～4仔，幼鼠3年后性成熟。

河狸的毛皮和河狸香很珍贵，但由于滥捕，河狸濒临灭绝。残存欧、亚和北美少数地区，在中国仅分布于布尔根河与青河一带。属国家一类保护动物。

家鼠

啮齿目鼠科大家鼠属和小家鼠属中一些种类的统称。因主要栖居在城镇、乡村，与人关系密切得名。大家鼠属约有100种，大多分布在亚洲东部和非洲的亚热带、热带，中国有16种。小家鼠属全世界约有36种，中国有2～3种。

大家鼠属种类的体型平均较大，体长8～30厘米；尾通常略长于体长，其上覆以稀疏毛，鳞环可见；体毛柔软，个别种类毛较硬；毛色变化大，背部为黑灰色、灰色、暗褐色、灰黄色或红褐色；腹部一般为灰色、灰白色或硫黄色；后足相对较长，善游泳的种类趾间有皱形蹼。小家鼠属种类的体型较小，一般为6～9.5厘米；上门齿内侧有缺刻。

家鼠具有很强的适应性，在住房、仓库、船车等能隐蔽的地方均可生存下去。家鼠夜间活动，以动、植物为食，几乎全年可繁殖。大家鼠属各种的妊娠期21～30天，年产3～10胎，每胎产2～16仔。小家鼠属各种的妊娠期18～21天，年产5胎，每胎产3～16仔。

家鼠是世界性的害鼠，不仅盗食粮食，还咬坏家具等用品，甚至咬坏电线造成停电和火灾。褐家鼠常咬死家禽和家畜的幼仔，咬伤咬死婴儿。家鼠是鼠疫、兔热病、斑疹伤寒、狂犬病等病原体的携带者。褐家鼠和小家鼠的白色变种为实验动物。

灭家鼠的方法有物理灭鼠（利用夹类、笼类、套扣类、压板类、电子捕鼠器等）和化学灭鼠（用有毒的鼠药，如抗凝血杀鼠剂等）。

林跳鼠

啮齿目林跳鼠科动物的统称。共4属10种，其中2属4种为北美洲西部特有，另2属6种则为欧亚大陆北部和中部特有。体形皆小，吻略尖，耳壳的形状和大小均像家鼠，但上唇不分为左右两瓣，须比头长，后肢比前肢长。后足具5趾，侧趾发育正常。尾很长，细而均匀，尾轴覆毛非常稀少，能看到环状鳞片，尾端无毛穗。中国产2属3种：①林跳鼠。体形略大，体长7.4～10厘米，尾长约为体长的1.5倍；后肢比前肢长得多；后足5趾。栖息于中、高山地的森林、灌丛和草甸中。林跳鼠是中国特产，数量极少，仅见于甘肃、青海、四川和云南的少数地区。②蹶鼠。体形较小，体长6～8厘米；外形与巢鼠相似，但尾较长（9～12厘米）；后肢比前肢略长。主要栖息于山地林区、沿河灌丛、草甸和山地草原区阴坡的高草丛中。多夜间和晨昏活动。不善跳跃，喜攀缘植物茎和枝向上爬。冬眠，每年春季繁殖1次，每胎3～6仔。在中国新疆北部、黑龙江与吉林的东部，以及青海、四川、云南北部都有发现。在国外见于克什米尔中部、阿富汗、俄罗斯远东和临近中国新疆的山区。③草原蹶鼠。见于中国新疆塔城地区，体长仅6.5～7厘米，尾长8厘米。

山河狸

啮齿目山河狸科现存唯一种。约在5000万年前的始新世就已出现。山河狸为北美洲的特产，仅见于加拿大与美国的西部海岸。山河狸因外形、习性与河狸

有很多相似之处（如眼小、耳短、被毛短密而色暗，穴居水边，修排水渠，以及咬食树木枝杈等）得名。体长30～46厘米；全身被覆暗灰色或赤褐色短绒毛；尾甚短，仅端部稍露出毛被外；体胖，重约1千克；头短钝，多须，额部凸圆；腿短粗，前后肢5趾，爪狭长；适于挖土，前肢拇趾具蹄状爪，其他4趾都能握食物。在形态上仍保留着一些较原始的特征，如头骨上无眶后突，咀嚼肌中颞肌较强大等。

山河狸生活于海拔2200米以下的森林和茂密灌丛下常年积水的洼地中。栖居地面有许多洞口和扇形土丘，洞口常用土封堵，地下有数米长的洞道通往地下巢、仓库和隐蔽处。昼间活动，不甚机敏，喜酣睡。遇危险时常身贴地面快跑，仰卧不动时伸出带利爪的四肢，准备迎敌。喜洗澡，常坐在后腿上，用两前肢撩水洗身体和胡须。善游泳和爬树，能从一个树枝摆到另一个树枝上去。冬季不蛰眠，多在雪下活动，偶尔也到雪地上来。山河狸有储存食物的习性。喜吃多汁的水生植物，也吃栎树的青嫩枝叶和松杉类的针叶，冬季有时也啃咬埋于雪下的树皮和细枝。

每年冬末或早春繁殖1次，妊娠期约1个月，一般产2～3仔，多达6仔。幼鼠10日后睁眼，于6月底出洞活动，2年后成熟。数量多时对林业有一定程度的危害，有时也偷食庄稼和危害河渠堤坝。

水豚

啮齿目水豚科的唯一种。因体形似猪且水性好得名。躯体巨大，长1～1.3米，肩高0.5米左右，体重27～50千克；体背从红褐到暗灰色，腹黄褐色，面部、四肢外缘与臀部有黑毛。体粗笨，头大，颈短，尾短，耳小而圆，眼的位置较接近头顶部，鼻吻部异常膨大，末端粗钝。雄性成体的鼻吻部有一高起的裸露部位，内有肥大的脂肪腺体。上唇肥大，中裂为两瓣；前肢4趾，后肢3趾，呈放射状排列，趾间具半蹼，适于划水，趾端具近似蹄状的爪。水豚仅分布于美洲巴拿马运河以南地区。

水豚常栖息于植物繁茂的沼泽地中。多以家族集群，每群不超过20头。喜晨昏活动，但由于人类的猎杀，多转为夜间活动。不挖洞穴。主要以野生植物为食，有时混在家畜群中吃牧草，偶尔也吃水稻、甘蔗、各种瓜类或啃咬小树嫩皮。常站在齐腰深的水中吃水生植物。性喜静，不爱戏耍。行动迟缓，但遇到危险则迅速跳进水中逃避。善游泳和潜水，游泳时仅鼻孔、眼、耳露出水面；在水下能潜游较远距离，或将鼻孔露出水面，长时间隐匿在水生植物中不动。

每年繁殖1次，妊娠期100～120天，产2～8仔，初生仔重约1千克。寿命8～10年，人工饲养可活12年。主要天敌为美洲豹和鳄。皮下脂肪含碘量较高，中医书记载可药用。

松鼠科

啮齿目一科。此科的部分种类统称为松鼠。此科全世界35属212种，中国有11属24种，其中岩松鼠和侧纹岩松鼠是中国特有动物。

狭义的松鼠为松鼠科中一种常见动物，体形细长，体长17～26厘米，尾长15～21厘米，体重300～400克。分布于俄罗斯亚洲部分、蒙古、朝鲜半岛、日本，中国的东北、内蒙古东北部、河北北部和新疆。毛色有灰色（冬）、暗褐

色（夏）型和蓝灰色（冬）、红棕色（夏）型。不冬眠。松鼠喜栖于寒温带或亚寒带的针叶林或阔叶混交林中，多在山坡、河谷两岸林中觅食。白天活动，清晨最为活跃，善于在树上攀爬和跳跃，行动敏捷。平时多1～2只活动，但在食物极端贫乏时，有结群迁移现象。在树上筑巢或利用树洞栖居，巢以树的干枝条及杂物构成，直径约50厘米。以坚硬的种子或针叶树的嫩叶、芽为食，也吃蘑菇、浆果等，有时吃昆虫的幼虫、蚂蚁卵等。松鼠有贮藏食物越冬的习性。每年春、秋季换毛。年产仔2～3次，一般在4、6月产仔较多，每胎产4～6仔。因森林面积减少，数量显著降低。

田鼠

啮齿目仓鼠科田鼠亚科动物的统称。广泛分布于欧洲、亚洲和美洲。体型粗笨，多数为小型鼠类，个别达中等，如麝鼠，体长约30厘米，体重约1800克；四肢短，眼小；尾短，一般不超过体长之半，旅鼠、兔尾鼠、鼹形田鼠则甚短，不及后足长，麝鼠的尾因适应游泳，侧扁如舵；毛色差别很大，呈灰黄、沙黄、棕褐、棕灰等色。

田鼠栖息环境从寒冷的冻土带直至亚热带。有栖息于草原、农田的田鼠和兔尾鼠，也有栖息于森林的林䶄和林旅鼠，还有栖息于高山的高山䶄以及适于半水栖的水䶄和麝鼠。某些种类因适应特殊的环境，形态上产生了某些相应的特化。如以地下生活为主的鼹形田鼠，四肢短粗有力，爪发达，门齿粗壮，适于挖掘复杂的洞道；适于水栖的种类，后足趾间具半蹼，尾侧扁，利于游泳。田鼠多为地栖种类，它们挖掘地下通道或在倒木、树根、岩石下的缝隙中

做窝。有的白天活动，有的夜间活动，也有的昼夜活动。田鼠多数以植物性食物为食，有些种类则吃动物性食物。喜群居。不冬眠。每年繁殖 2 ～ 4 次，每胎 5 ～ 14 仔。寿命约 2 年。

田鼠除个别种类的毛皮可以利用外，绝大多数对农、牧、林业有害，特别是一些群栖性强、数量变动大的种类，如布氏田鼠和黄兔尾鼠等。田鼠由于分布广，数量多，是许多食肉动物的食物。另外，田鼠为蜱传斑疹伤寒、兔热病、脑炎等传染病病原的天然携带者，与流行病学很有关系。灭田鼠的方法有：物理灭鼠（用捕鼠器械）、化学灭鼠（用化学灭鼠剂）、生物灭鼠（利用鸟类、蛇、黄鼠狼等食肉动物天敌）、生态控制（环境改造、断绝鼠粮）等。

跳鼠

啮齿目跳鼠科动物的统称。生活于开阔地域，因善于跳跃得名。体中、小型，体长 5.5 ～ 26 厘米；头大，眼大，吻短而阔，须长。毛色浅淡，多为沙土黄或沙灰色，无光泽，与栖息地的景色接近；后肢特长，为前肢长的 3 ～ 4 倍，后肢外侧 2 趾甚小或消失，落地时中间 3 趾的落点很接近，适于跳跃，一步可达 2 ～ 3 米或更远。有些跳鼠种类如三趾跳鼠、栉趾跳鼠等的后足掌外缘生有 1 ～ 2 列硬密的白色长毛，既可在跳跃时保持后足在松散土地上不致下陷，又可在挖洞时借以将土推出洞外。尾甚长，9.5 ～ 30 厘米，在跳跃时用以保持身体平衡，并能以甩尾的方法在跳跃中突然转弯，改变前进方向，以躲避天敌的捕捉。多数跳鼠尾端具扁平形的、由黑白两色毛组成的毛穗，跳跃时左右晃动，以迷惑敌人，使之无法判断其准确落点。跳鼠有 10 属 27 ～ 28 种，广布于亚非欧三大洲的干旱与半干旱地区。其中以三趾跳鼠亚科种类最多，有 7 属 21 ～ 22 种。

跳鼠多在夜间及晨昏活动。夜间活动时，主要靠耳壳和听泡来接收和放大周围的微弱声响，以躲避天敌和辨别方向，因此耳壳和听泡都非常发达，耳长多在 1.5

厘米以上，最长可达6厘米。

心颅跳鼠为跳鼠科特征最原始的一类。体型皆小，体长均不到7厘米。耳小，前翻不到眼。尾细长，覆以稀疏长毛，尾端均无尾穗。后足具3趾（三趾心颅跳鼠属），或具5趾（五趾心颅跳鼠属）。听泡异常膨大，其长度达头骨长之半。现有2属5种，均为珍稀种类。

长耳跳鼠的形态较为特殊，构成单种的亚科。体长8～10.5厘米，尾长15～19厘米，尾端具尾穗；与其他跳鼠相比，吻尖，眼小，耳极大，长3.8～4.7厘米，占体长的40%～50%，后足5趾。分布区狭窄，基本上为中国特有种，见于中国内蒙古西部、甘肃北部、青海的柴达木盆地以及新疆的东部和南部。国外仅见于蒙古的外阿尔泰戈壁。

跳鼠都有冬眠习性，在蛰伏期间以尾部积累的脂肪补充机体能量的消耗。主要吃植物，在夏季也捕食昆虫。跳鼠多每年4月开始发情交配，一般年产仔2窝，于7～8月间停止生育，但有些种类年产3窝，于9月结束繁殖，每胎产1～6仔，多数为2～4仔。

豚鼠

啮齿目豚鼠科动物的统称。共5属15种，南美洲特产。因肥笨且叫声似猪得名。

豚鼠体型短圆，体长22.5～35.5厘米，体重450～700克；头大，眼大而圆，耳圆；四肢短，前脚具4趾，后脚3趾；无外尾。人工培育许多品种，除安哥拉豚鼠被长毛外，体毛皆短，有光泽。豚鼠有黑、白、褐等单色的，也有具各色斑纹的。栖息于岩石坡、草地、林缘和沼泽。穴居，集成5～10只的小群，夜间寻食，主要吃植物的绿色部分。

第二章 “移动空间”——爬行动物

爬行动物

脊椎动物亚门爬行纲动物的统称。肺呼吸，混合型血液循环的变温动物。除极寒区域外，世界性分布。中国南方温热潮湿地带较多。体表被鳞（蛇、蜥蜴）或骨板（龟、鳖），无毛、无羽，发育过程中有羊膜出现。现存的爬行纲动物分为 2 型。无窝型龟鳖亚纲龟鳖目，有 220 种（中国约有 40 种）；双窝型古蜥亚纲鳄形目，有 25 种（中国有 1 ～ 3 种），鳞蜥亚纲喙头目，有 1 种；有鳞目蚓蜥目约有 100 种，蜥蜴亚目约有 3000 种（中国约有 162 种），蛇目有 2700 种（中国约有 211 种）。

爬行动物最早出现于约 2.8 亿年前（晚石炭世），在中生代大发展。到 8000 万年前（白垩纪后期），有很多分支绝灭，只余下 4 目约 6000 种，体型和重量也由大变小，如最长的蟒约 12 米，最大的棱皮龟重达 865 千克，而古代的恐龙有的长达 50 米，重达 4.5 吨以上。

爬行动物皮肤无呼吸功能，也缺少皮肤腺，这可以防止体内水分蒸发。头颅的软骨颅，除鼻软骨囊外，全部骨化，外面更有膜成骨掩覆，以一个主要由基枕骨形成的枕髁与脊柱相关联，颈部明显，第 1、2 枚颈椎骨分别特化为寰椎与枢椎，头部能灵活转动，胸椎连有胸肋，与胸骨围成胸廓以保护内脏。这是动物界首次出现的胸廓。腰椎与两枚以上的荐椎相关联，外接后肢，正如肩带的连接前肢。除四肢消失的种类 (如蛇类) 外，一般有两对 5 出的掌型肢（少数的前肢 4 出），水生种类掌形如桨，指、趾间有蹼以利于游泳，足部关节不在胫跗间而在两列跗骨间，成为跗间关节。四肢从体侧横出，不便直立；体腹常着地面，行动是典型的爬行；只有少数体型轻捷的种类能疾速行进。

爬行动物脑部有屈曲，大脑、小脑比较发达，大脑有左右脑室，出现了新皮层，脑神经 12 对，外耳孔出现，眼内有栉膜，眶周有骨环，鼻腔附近有锄鼻器。呼吸用肺。心脏 3 室 (鳄类心室虽不完全隔开，但已为 4 室)。无动脉圆锥。动脉弧 3 对，大动脉弧左右不对称，体循环动脉内杂有静脉血，体温随环境变动。肾脏由后肾演变，后端有典型的泄殖肛腔，雌雄异体，有交接器，体内受精，卵生或卵胎生。幼体从富含卵黄、具羊膜、有韧皮或钙质外壳的受精卵（蛋）孵出，羊膜水保护幼体完全脱离水域发育生长。

爬行动物第一次形成骨化的口盖，使口、鼻分腔，内鼻孔移至口腔后端，咽与喉分别进入食管和气管，从而呼吸与饮食可以同时进行。

鳃和侧线都已消失，呼吸用肺，初现外耳。颈椎特化为寰椎、枢椎与颅底的枕骨髁合成活动关节使头部得以灵活转动。胸部有胸肋与胸骨构成的胸廓，腹部也有腹爬行纲动物前承两栖纲、蜥螈的构型，后开鸟、兽两纲的发展，首次征服陆地，无论从体型构造、生理机能、胚胎发育，生态适应以及演化过程来说，都是极其重要的。

爬行动物有一定的实用价值。在中国传统医学中，蛇毒可止痛，治麻痹、风湿。蛇和蜥蜴以虫蚁为食，大型蛇类是虫鼠的天敌。由于蛇的颊窝和腹部对天气与地震敏感，可用以作指示生物。在中国由于乱捕滥猎，爬行动物，尤其是龟鳖和蛇类被大量捕杀，许多种类已濒临绝灭或已经绝灭。

［一、恐龙］

禄丰龙

恐龙一属。因模式标本发现于中国云南省禄丰县而得名，也是在中国找到的第一个完整的恐龙化石。生存于距今约1.9亿年的早侏罗世。禄丰龙身体结构笨重，大小中等(6～7米长)，兽脚型。头骨较小（相当尾部前三个半脊椎长），鼻孔呈三角形，眼前孔小而短高，眼眶大而圆，上颞颥孔靠头骨上部，侧视不见。下颌关节低于齿列面，上枕骨和顶骨间有一未骨化的中隙。牙齿小，不尖锐，单一式，牙冠微微扁平，前后缘皆具边缘锯齿。颈较长，

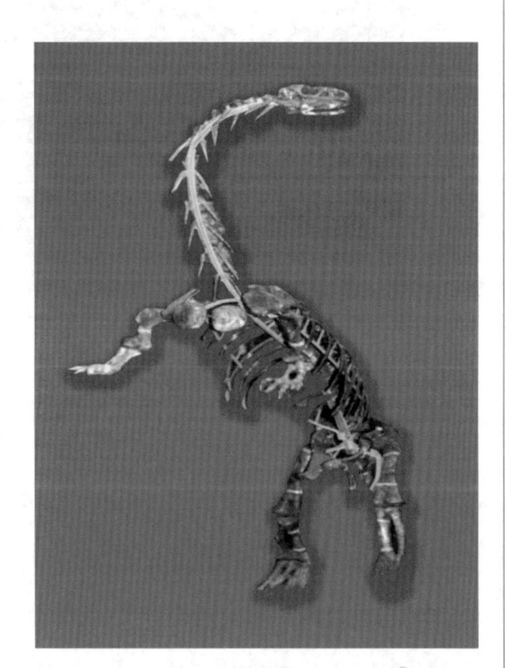

脊椎粗壮，尾很长。颈椎10个，背椎14个，荐椎3个，尾椎45个。肩胛骨细长，胸骨发达，肠骨短，耻骨及坐骨均细弱。前肢相当于后肢长的二分之一。

禄丰龙曾被认为属于原蜥脚类的板龙科，且是蜥脚类的祖先类型。

禄丰龙是浅水区生活的恐龙，主要以植物叶或柔软藻类为生，多以两足方式行走，但在就食和在岸边休息时，前肢也落地并辅助后肢和吻部的活动。

马门溪龙

恐龙一属。中国发现的最大的蜥脚类恐龙之一。因模式种发现于中国四川宜

宾马鸣溪而得名。此属动物全长 22 米，体躯高将近 4 米。它的颈特别长，相当于体长的一半，不仅构成颈的每一颈椎长，且颈椎数亦多达 19 个，是蜥脚类中最多的一种。背椎 12 个、荐椎 4 个及尾椎 35 个。各部位的脊椎椎体构造不同：颈椎为微弱后凹型，腰椎是明显后凹型，前部尾椎是前凹型，后尾椎是双平型，前部背椎神经棘顶端向两侧分叉，背椎的坑窝构造不发育，4 个荐椎虽全部愈合，但最后一个神经棘部分离开。肠骨粗壮，其耻骨突位于肠骨中央；坐骨纤细；胫腓骨扁平，胫骨近端粗壮，长度相等。距骨发育，其上面的胫腓骨关节窝很发育，故中央突起很高，跖骨短小，后肢的第 I 爪粗大，各趾骨的形状特殊。

马门溪龙属有两个种：一为合川马门溪龙，发现于四川合川和甘肃永登；另一个为建设马门溪龙，发现于四川宜宾。所有马门溪龙都是浅水栖息者，一生的大部分时间是在水深约 20 米的湖泊中度过的。马门溪龙主要靠水中的藻类和富有营养的柔软植物生活，有时也可能捕食一些软体动物和小鱼。

马门溪龙在蜥脚类演化史上属中间过渡类型，为蜥脚类恐龙繁盛时期（距今 1.4 亿年的晚侏罗世）的早期种属，在侏罗纪末全部绝灭。

切齿龙

恐龙一属。形态非常奇特。化石发现于中国辽宁西部早白垩世义县组下部的河流相地层中。从分类上，切齿龙被鉴定为兽脚亚目的窃蛋龙类，与发现于辽西的尾羽龙具有很近的亲缘关系，推测也像尾羽龙一样长有羽毛。窃蛋龙类是一类常见于晚白垩世的小型兽脚类恐龙，最初研究者认为它们有偷食其他恐龙蛋的习性而得名。后来发现这类恐龙实际上并非在偷食恐龙蛋，而是像鸟类一样趴在蛋上孵卵。这类恐龙超特化，头骨短而高，没有牙齿，是兽脚类恐龙当中的异类。切齿龙是迄今为止发现的最原始的窃蛋龙类，它的许多特征不同于典型的窃蛋龙类，而更接近典型的兽脚类恐龙。切齿龙个体很小，体长不超过 1 米；和典型的兽脚类恐龙一样头骨低，长着牙齿。窃蛋龙类具有许多类似鸟类的特征，一些学者据此认为这类恐龙和鸟类关系很近，甚至就是鸟类，但切齿龙的发现表明这一观点是错误的。切齿龙并没有其他窃蛋龙类所具有的鸟类特征，这表明窃蛋龙类和鸟类的关系相对较远，这些类似鸟类的特征是独立演化出来的。切齿龙最为奇特的地方在于它的牙齿形态。兽脚类恐龙一般被认为是肉食性动物，但切齿龙的牙齿形态和典型的吃植物的恐龙相似。它长着一对像老鼠一样的大“门齿”，表明这种恐龙可能会像老鼠一样啃食植物。在脊椎动物的演化历史当中，这一现象并不少见。如：一些远古的鳄类就是植食性动物；中国的大熊猫虽然属于哺乳动物当中的肉食目，但主要也是以竹子为食。

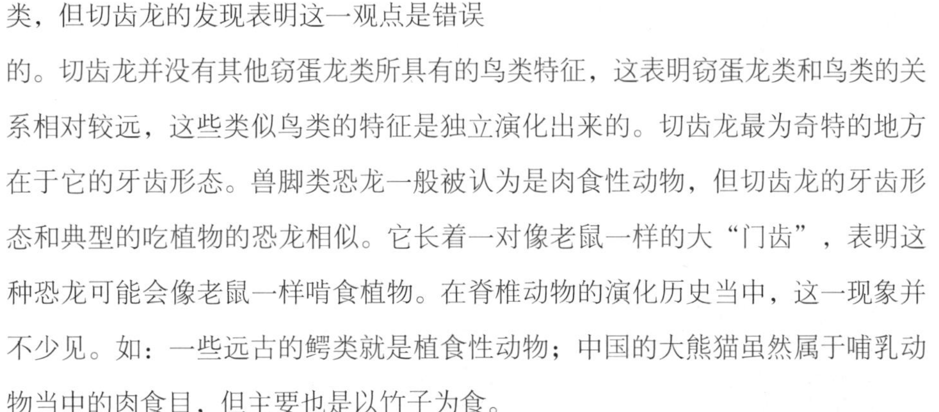

蜀龙

恐龙一属。生活于侏罗纪中期中国四川盆地的一类蜥脚类恐龙。体长 12 米左右，高度可达 3 ～ 4 米。蜀龙是蜥脚类恐龙当中的小个子，生活在四川盆地的马门溪龙仅其脖子的长度就快要赶上蜀龙。头相对不大不小，牙齿呈勺状，颈较短，尾巴较长，最末端的 3 ～ 5 个尾椎愈合膨大形成尾锤。蜀龙的许多特征表明它是蜥脚类恐龙当中的原始种类，如它的脊椎气腔化程度很低，脖子远没有它的近亲峨眉龙和马门溪龙长。蜀龙在蜥脚类恐龙演化当中占据着很重要的位置。根据牙齿形态推测，这种恐龙可能以低矮树上的嫩枝嫩叶为食。蜀龙虽然身体笨重，行动缓慢，但它的“尾锤”是一个有力的武器。当猎食性恐龙向它发动攻击时，它会挥动这个骨质尾锤，将敌人吓跑。蜀龙的产地四川自贡的“大山铺”是世界上最重要的中侏罗世恐龙化石产地之一，在化石产地建立的自贡恐龙博物馆是世界三大恐龙田野博物馆之一，恐龙化石埋藏现场近 3000 平方米，发现和采集到的恐龙零散骨骼超过万件，完整骨架逾百具，仅蜀龙就有几十具。蜀龙骨架化石已成为研究蜥脚类演化的一个关键环节。

小盗龙

恐龙一属。隶于兽脚亚目驰龙科。小盗龙化石发现于中国辽宁省朝阳市的九佛堂组湖相沉积地层中，生活在距今 1.1 亿～ 1.2 亿年之间的早白垩世。个体很小，是已知恐龙当中个体最小的恐龙。满嘴牙齿，但牙齿形态和典型的肉食性恐龙稍有差别，可能指示食性发生了变化；爪子尖锐弯曲，体短尾长。前肢形态相对始祖鸟而言更接近现代鸟类，发育一很大的胸骨和 7 对见于较进步鸟类中的钩状突，尾巴棍状，非常僵硬。和疾走龙具有很近的亲缘关系，都属于兽脚亚目中的驰龙科。它的发现为鸟类飞行起源研究提供了重要信息。尽管鸟类起源于恐龙的假说得到了大量化石

证据和系统学工作的支持，但是鸟类最早是如何开始飞行的却是学术界长期以来争论不休的问题。小盗龙浑身披着羽毛，一些羽毛羽轴两侧的羽片不对称，这种结构一般被认为和飞行是相关的。最为奇特的是，这些恐龙不仅前肢羽化为翼，它们的后肢也羽化为翼。也就是说，这些恐龙有 4 个翅膀。这种形态还没有在任何其他脊椎动物当中发现。科学家们推测，恐龙的后肢翅膀可能是在飞行过程中起平衡作用，这对于早期飞行是非常重要的。小盗龙的发现表明鸟类的恐龙祖先具 4 个翅膀，很可能具有滑翔能力，这一发现为鸟类飞行起源于树栖动物，经历了一个滑翔阶段的假说提供了关键性证据。小盗龙属包括顾氏小盗龙和赵氏小盗龙两个已发现的种。

鸭嘴龙类

一类较大型已绝灭的鸟臀类恐龙。最大的有 15 米多长。鸭嘴龙的吻部由于前上颌骨和前齿骨的延伸和横向扩展，构成了宽阔的鸭状吻端，故名。所有鸭嘴龙的头骨皆显高，其枕部宽大，面部加长，前上颌骨和鼻骨也前后伸长，嘴部宽扁，外鼻孔斜长。特化的前上颌骨和鼻骨构成明显的嵴突，形成角状突起。下颌骨上的齿骨和上隅骨形成的冠状突很发育，后部反关节突显著。上下颌齿列复排，珐琅质只在牙齿一侧发育。颈椎 15 个，背椎 13 ～ 15 个，荐椎 8 ～ 11 个，尾椎较多。颈椎和背椎椎体为后凹型，尾椎侧扁，肠骨的前突平缓，后突宽大，耻骨前突扩展成桨状，棒状坐骨突几乎成垂直状态，有的个体的坐骨远端也扩大。前肢短于后肢，肱骨为股骨的一半长，桡骨与肱骨等长，前足的第二、三、四趾较第一、五趾发育，前足的各连接面粗糙。胫骨短于股骨，后足的第一指消失或仅有残迹，而第五趾完全消失，第三跖骨较长，后足已发育成鸟脚状。另外，前后足各趾皆有爪蹄状末趾。

鸭嘴龙是鸟臀类中鸟脚类恐龙最进步的一大类。在亚洲及北美洲等地，晚白垩世的鸭嘴龙化石到处都有发现。鸭嘴龙类可分为两大类群，壮龙亚科和兰博龙亚科。前者是头顶光平，头骨构造正常的平头类；后者是头上有各种形状的棘或棒型突起，鼻骨或额骨变化较多的栉龙类，如拟栉龙。

鸭嘴龙主要以柔软植物、藻类或软体动物为食。一般是双足行走。前足各趾之间有蹼，以利水中运动。

发现于中国山东莱阳的棘鼻青岛龙化石，高 5 米，长 7 米，鼻骨上有一条长棘，棘中空与鼻腔相通。可能用于储存空气，以延长潜水时间；也可能用于自卫或排除水面障碍物。青岛龙是有顶饰的鸭嘴龙类。

在山东诸城发现的巨型山东龙化石，高 8 米，长 15 米。头顶部光平无顶饰是平头鸭嘴龙的代表。

在中国除山东外，内蒙古、宁夏、黑龙江、新疆、四川等地均曾发现不少鸭嘴龙化石。

中华龙鸟

恐龙一属。带原始羽毛的恐龙。发现于中国辽宁省西部早白垩世义县组下部的湖相地层中。中华龙鸟大小与鸡相仿，有一个很大的典型的兽脚类恐龙的头骨，满嘴生有带小锯齿的尖锐牙齿，前肢非常短，尾巴却出奇地长。由于中华龙鸟体表有毛状的原始羽毛，所以命名者最初将它归入鸟纲，但这一分类并没有骨骼形态学方面的依据。现在公认中华龙鸟属于兽脚类恐龙中的美颌龙科。美颌龙属于较为原始的一类虚骨龙，最初发现于欧洲的晚侏罗世地层中，后来在亚洲等地的早白垩世地层中也有发现。原始中华龙鸟的前掌和脊椎等形态类似于欧洲的美颌龙属，但另外一些特征则更加进步。从形态上看，原始中华龙鸟尚处在向鸟类演

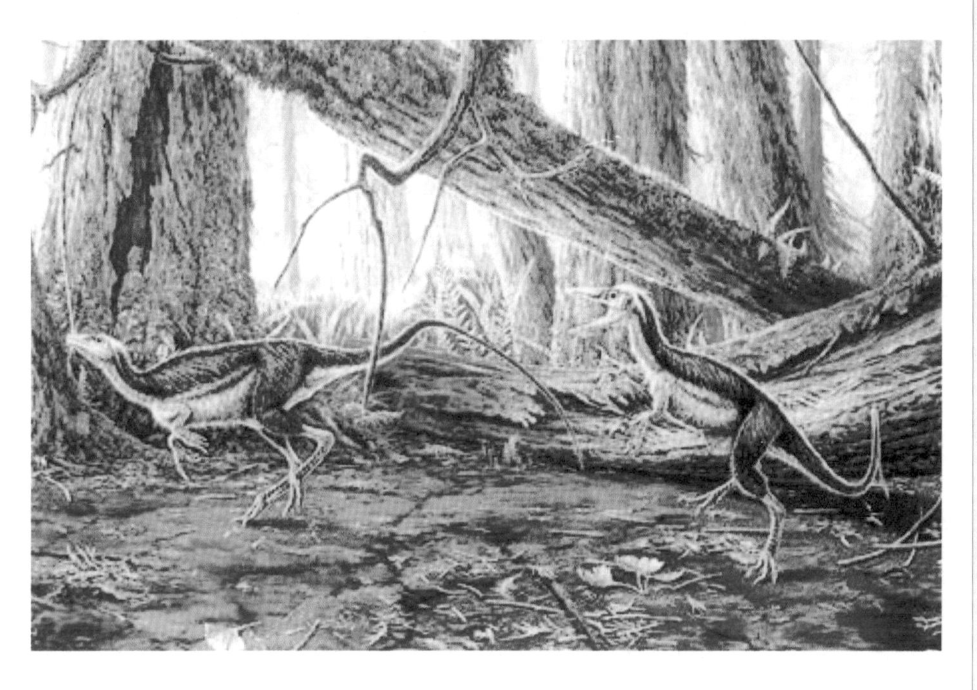

化的一个相对原始的进化水平，与鸟类差别很大，以系统学的角度看，从中华龙鸟这一进化水平的兽脚类恐龙到鸟类这一进化水平还需要一个漫长的过程，在它们之间包含许多进化环节，甚至包括身体庞大、极其凶恶的霸王龙。但在中华龙鸟的背部从头到尾具有毛状皮肤结构，代表一种原始的羽毛，这是类似结构在恐龙中的第一次发现，为鸟类羽毛起源这一长期悬而未决的问题的解决提供了重要信息，中华龙鸟因此而闻名世界。

肿头龙

鸟臀目一类恐龙。皆为植物食性、两足行走的小型恐龙，形态特化，突出特征是头顶肿厚呈盔状，其表面有粗壮纹饰，上颞颥孔封闭，眼前孔退化。前上颌骨有尖状齿。外翼骨与前耳骨相连，颧骨及方颧骨在方骨的关节面上强烈扩展。眶下区由方骨、翼骨和基蝶骨相连而成。单行齿列细弱，每列 16 ～ 20 颗牙齿，两侧皆具珐琅质的齿冠，有锯齿边缘构造。脊柱细弱，背椎有横突关节沟，具腹肋及前尾肋。肩胛骨细长，前肢短，肱骨为股骨的 1/4，桡骨约为肱骨的 1/2。低长的肠骨上缘发达，其前突狭窄，坐骨细长弯曲，股骨与胫骨等长，股骨第Ⅳ转节不下垂。第Ⅲ跖骨等于胫骨半长，后足的Ⅴ趾退化，每趾末端为爪。只含一科：肿头龙科，在亚洲发现最多，其生存时代为晚白垩世。

[二、龟鳖目]

闭壳龟

龟鳖目龟科一属。又称呷蛇龟、壳蛇龟、亚洲箱龟。有7种，分布于亚洲的缅甸、泰国、越南、中国、日本、马来半岛及群岛、印度尼西亚、菲律宾等东南亚地区。背甲隆起较高。从幼龟起，腹甲的胸、腹盾间就有一条清晰的韧带，形成可动的"铰链"。背腹甲之间也有韧带相连，因此腹甲的前后两叶能向上完全关闭甲壳，头、四肢和尾均可缩入壳中。中国有6种：黄缘闭壳龟、黄额闭壳龟、三线闭壳龟、云南闭壳龟、潘氏闭壳龟及金头闭壳龟，其中以黄缘闭壳龟分布最广。

黄缘闭壳龟又称金头龟、夹板龟。旧称摄龟。可观赏。其背甲隆起较高，似半月形，脊部有一黄色棱起。甲长约16.3厘米，宽约12.3厘米，高约7.3厘米；体重可达400克以上，最重者达800克。头背光滑，黄橄榄色。眼黄，瞳孔黑。眼后有一金黄色纹直达枕部。背、腹甲棕黑或棕红色。每一盾片有一浅棕色斑。背甲腹缘与腹甲边缘黄色。尾长，两侧有肉质棘。陆栖。生活于森林边缘有稀疏灌木丛的山上或近水源的潮湿地带。夏季多夜间活动，白天潜伏在倒木、岩石、柴草或溪谷边的乱石堆里。善游泳，常在雨天外出，或去水里。杂食性，以昆虫、蚯蚓等为主，亦食果实。人工饲养可喂碎肉、瓜皮、青菜等。在中国安徽省南部观察到：黄缘闭壳龟4月交配，5月中旬至9月中旬为产

卵季节，6～7 月为盛期。卵分批产出，每次 2 枚，共 4～8 枚。在日本的石垣岛和西表岛，产卵期为 6～8 月，每产 2～5 枚。在中国安徽南部冬眠期为 11 月初至次年 4 月初。

鳖

龟鳖目鳖科鳖属一种。学名中华鳖。俗称甲鱼、团鱼、水鱼。广布于中国、越南、日本。经济价值高，肉味鲜美，自古以来被视为滋补食品。甲入药称鳖甲，有滋阴除热、破结软坚的功效。

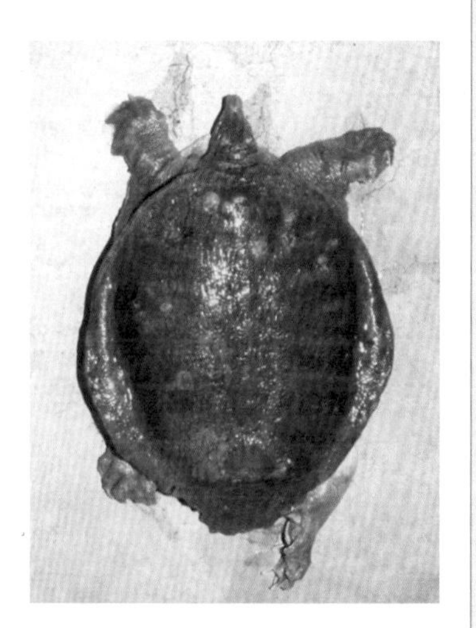

外形扁平，椭圆形，眼小，颈长，头与颈完全可缩入甲内，吻长，前端有鼻孔。上下颌为角质状喙。背面呈暗绿或黄褐色，腹面白里透黄。为变温动物。用肺呼吸，常浮到水面交换气体。性胆怯，栖于安静环境中。水温低于 20℃时，有晒太阳的习性；超过 35℃，喜藏于阴凉处；低于 15℃时，停食；降至 10℃时，处于冬眠状态。野生鳖摄食动物性饵料，如蛙、虾、鱼等。不主动追食饵，而是在水底潜行时，遇食饵即伸颈张嘴吞入。体重 50 克以下的稚鳖生长较慢而难养。体重超过 50 克以后，养殖顺利。3～4 龄时，生长最快。4 龄性成熟。雄鳖尾长超出裙边，雌鳖不超出。4 月至 5 月交配，体内受精，进入输卵管的精子一直到第二年的 5 月至 8 月仍保持受精能力。受精卵为多黄卵，无气室，在卵巢中发育。翌年 5 月中旬，水温升到 28℃时产卵，产卵一直延续到 8 月，产卵 2～5 次。卵近圆形，直径 1.5～2 厘米，重 3～5 克。中国现在都采用自然产卵，人工孵育。孵化温度控制在 33～34℃，相对湿度 81%～82%，沙床含水量 7%～8%，40～45 天可孵出稚鳖。

饲养稚鳖每平方米放 7～12 只，幼鳖 5～8 只，成鳖每 667 平方米（1 亩）200～300 只，投喂含动物蛋白多的饲料。从稚鳖养到 500 克商品鳖只需 15 个月左右，同时要注意病害的防治。

长颈龟

龟鳖目蛇颈龟科长颈龟属的一种。又称蛇颈龟。分布于澳大利亚东部。体较小，一般甲长 15 ～ 25 厘米。体色变异较大，背部通常为棕色、暗棕色或黑色；腹部黄白色；背甲外缘与腹甲的鳞缝为黑色；眼虹膜鲜黄色。头小，头背平。颈长于脊柱其余部分，上面布满结节。颈可在肱前的背腹甲之间水平弯曲。鼻位于吻端，眼侧位。背甲后部宽圆而微尖。腹甲前部宽圆，后缘有深缺刻。喉间盾大，在喉盾之后、两肱盾之间，并将胸盾局部分隔。

长颈龟四肢具蹼，指、趾具 4 爪。生活于沼泽、湖泊或缓流江河的淡水中。初夏在岸边挖穴产卵，每产约 12 枚。卵长形，壳易碎。长颈龟以各种水生动物（如软体动物、甲壳动物、蝌蚪和小鱼）为食。白天活动，性温顺，人们喜欢驯养。

玳瑁

龟鳖目海龟科的一种。又称十三鳞。古作瑇瑁、文甲。分布于大西洋、太平洋和印度洋。中国北起山东、南迄广西沿海均有分布。头部有前额鳞 2 对；吻侧扁，腭钩曲如鹰嘴。甲呈心形，盾片如覆瓦状排列，老年个体趋于镶嵌排列。椎盾 5 片；肋盾每侧 4 片；缘盾每侧 11 片，在体后部呈锯齿状；臀盾 2 片，中间有一缝隙，不相连。四肢桨状，前肢较长大，各具 2 爪；后肢较短小，各具 1 爪。尾短小，通常不露出甲外。背甲红棕色，有淡黄色云状斑，具光

泽；腹甲黄色。

玳瑁生活于海洋，以鱼、软体动物和海藻为食。每年 7 ～ 9 月在热带、亚热带海域的沙滩上掘坑产卵。卵白色，圆形，革质软壳，孵化期约 3 个月。

海龟

龟鳖目海龟科的一种。又称绿色龟，因脂肪呈绿色得名。广布于大西洋、太平洋和印度洋。中国北起山东，南至北部湾近海均有分布。上颌平出，下颌略向上钩曲，颚缘有锯齿状缺刻。前额鳞 1 对。背甲呈心形。盾片镶嵌排列。椎盾 5 片；肋盾每侧 4 片；缘盾每侧 11 片。四肢桨状。前肢长于后肢，内侧各具 1 爪。雄性尾长，达体长的 1/2。海龟前肢的爪大而弯曲呈钩状。背甲橄榄色或棕褐色，杂以浅色斑纹；腹甲黄色。生活于近海上层。它以鱼类、头足纲动物、甲壳动物以及海藻等为食。每年 4 ～ 10 月为繁殖季节，常在礁盘附近水面交尾，需 3 ～ 4 小时。雌性在夜间爬到岸边沙滩上，先用前肢挖一深度与体高相当的大坑，伏于坑内，再以后肢交替挖一口径 20 厘米、深 50 厘米左右的“卵坑”，在坑内产卵。产毕以砂覆盖，然后回到海中。每年产卵多次，每产 91 ～ 157 枚。卵呈白色且圆形，壳革质，韧软。孵化期 50 ～ 70 天。一般认为海龟种分为大西洋海龟、太平洋海龟和日本海龟亚种。

花龟

龟鳖目龟科花龟属唯一种。又称草龟。分布于中国福建、台湾、广东、海南、广西等省区。越南也有报道。体型中等，甲长约 220 毫米、宽约 160 毫米、高约 90 毫米。头较小，头背皮肤光滑，橄榄绿色；头腹、侧和颈的四周有多条黄色纵线纹。背甲橄榄棕色，沿隆起的棱有淡黄色斑。腹甲黄色，每块角盾有暗棕色斑。四肢亦具细浅黄色纹。幼体背上有3条不连续的钝棱，成体侧棱消失，脊棱明显。颈盾六角形，短边在前，脊盾5枚，窄长；肋盾4对；缘盾11对；臀盾1对，

背、腹甲以骨缝相连。腋盾、胯盾大。腹甲与背甲几乎等长，前缘平切，后缘凹陷，内腹骨板为肱—胸线截切。指、趾间全蹼，具爪。尾中等长，末端尖细，幼体尾较长。生活在池塘和缓流的河中。草食性，取食水草。4月间产卵，可产3枚，卵径40毫米 ×25毫米。卵壳通常为钙质。

黄喉拟水龟

龟鳖目龟科的一种。又称黄喉水龟。分布于中国江苏、浙江、安徽、福建、广东、云南和台湾等省区。日本也有分布。此种龟头顶光滑无鳞，上颚略钩曲，中央凹缺；鼓膜明显，圆形。背甲具3纵棱，脊棱明显，两侧较圆钝。颈盾宽短；椎盾5片；肋盾4对；缘盾每侧11片。腹甲几与背甲等长，后端凹缺。指、趾间全蹼，前肢5爪，

后肢4爪。尾短而尖细。头、颈灰棕色，头侧自眼后至鼓膜处有一黄纵纹，喙缘和喉部呈黄色；背甲呈灰棕色，盾沟处具黑色边缘；腹甲呈灰黄色，每一盾片近外侧均有一大块黑色斑块。

黄喉拟水龟生活于江河、湖塘水域中。此种龟以小鱼、水生昆虫及蠕虫等为食。因其为典型水栖龟类，背甲及角质化部分能着生基枝藻或刚毛藻等，藻类绿色，丝状分枝长30～70毫米。因在水中似身披绿毛，又称绿毛龟，是珍贵观赏动物。

黄缘闭壳龟

龟鳖目龟科闭壳龟属的一种。又称君山金龟、金头龟、夹板龟，旧称摄龟。头顶光滑，橄榄绿色，嘴上缘有勾，头侧眼后有一条明显黄色线纹。背甲高，呈棕褐色，只有一条脊梭为黄色。腹甲黑褐色，边缘黄色，因而得名。胸腹盾之间具韧带，前后甲可完全闭合，四肢上鳞片发达，爪前五后四，有不发达的蹼，尾适中。头总体为黄色稍带些淡淡的绿，非常漂亮，故称“金头龟”。传说黄缘闭壳龟还可以用腹甲闭合夹住蛇，待蛇被夹死后而吃掉它，因此又称“食蛇龟”。

黄缘闭壳龟生活在潮湿的森林或河流的附近，有时也在浅水中活动。栖息在江湖及溪流中，白天藏于江湖内，晚上则爬上陆地。食性很杂，食量较大。在中国广布于安徽、河南、江苏、浙江、广西、湖北、江西、福建、湖南、台湾等省区。喂养时注意多更换食物种类，如昆虫、蚯蚓、蜗牛、乳鼠、青蛙、西红柿、黄瓜、苹果、西瓜等均食。雄龟背甲细长而稍扁，尾较粗长；雌龟背甲宽厚尾细短。5 ～ 9 月为繁殖期，每次可产 3 ～ 7 枚椭圆形卵。

中医书记载此龟是一种珍贵滋补品，龟肉、龟血、龟板、胆汁可入药；特别是龟板富含胶质、脂肪和钙盐等物质，有补血、止血、补心肾、滋阳降火、强壮体质之功效。

锯缘摄龟

龟鳖目龟科一种。又称方龟。分布于印度、东南亚地区以及中国广东、广西。生活于山区灌木丛林。背甲具 3 条纵棱，脊棱圆钝，侧棱明显，侧棱间平坦。向缘盾明显下切，使龟壳断面呈梯形。背甲盾片略显覆瓦状排列。颈盾小而窄长；椎盾 5 片；肋盾 4 对；缘盾每侧 11 片，略向上翘，前缘盾略呈锯齿状，后缘盾和臀盾明显锯齿状。腹甲大而平，后缘缺刻深。胸与腹盾间、背与腹甲间皆以韧带相连，前半部可活动，能与背甲闭合。四肢均有覆瓦状扁平大鳞。指、趾间半蹼。尾短，在基部和股后有少数锥状鳞。头背灰褐色，杂有虫纹斑。眼后至鼓膜和颞部上方有一镶黑边的白窄纹。背甲棕褐色，腹甲呈黄褐色。

棱皮龟

龟鳖目棱皮龟科棱皮龟属的一种。又称革背龟、革龟、燕子龟、舢板龟。龟鳖类中最大的种类。分布于大西洋、太平洋和印度洋的暖水区域。中国南海、东海、黄海均有分布。全长可超过 2 米，一般重 300 千克，最重可达 800 千克。棱皮龟体表皮肤革质，无角质盾片。头大，颈短，头骨颞区完整。腭缘锐利，上腭前端有两个三角形大齿突。脊椎骨和肋骨不与背壳愈合。无整块背甲，由许多细小多角形骨片排列成行，紧贴在表皮上。其中最大的骨片排列成 7 纵行，突出成 7 条纵棱。纵棱向后延伸并集中，末端呈尖形。腹部也有类似的纵棱 5 行。四肢桨状，无爪。前肢特别发达，长度为后肢的两倍左右，成体的后肢与尾之间有蹼相连。新生仔的头背和侧面有对称的鳞片。身体和四肢皆覆以不规则的多角形鳞。成体背暗褐色或灰黑色，具暗黄色或白色斑点。腹部灰白色。幼体背灰黑色。背上纵棱和四肢的边缘为淡黄色或白色。腹部白色，有黑斑。棱皮龟全年产卵，主要在5～6月。产卵时在近海沙滩挖穴，穴深约 1 米，每产 90 ～ 150 枚，经 65 ～ 70 天孵化。以刺胞动物、棘皮动物、软体动物、节肢动物以及鱼、海藻等为食。本身肉质粗糙，视力不好。但其浮泳力强，可随暖流北上达温带海域。

缅甸陆龟

龟鳖目龟科陆龟属一种。又称长陆龟。分布于印度、缅甸、越南、马来半岛等地区以及中国广西。缅甸陆龟前额鳞1对，额鳞1片，大而常有裂痕，头背其余部分均覆有小鳞。上下颚缘呈锯齿状，上颚前端有3个尖齿状突起。背甲高隆，脊部较平；颈盾窄长；椎盾5片；肋盾4片，缘盾每侧11片，前后缘盾外侧略向上翘起；臀盾单片，较大，略向腹面弯曲。腹甲平。肛盾几呈三角形；三片肛盾形成深凹缺。四肢粗壮，柱状，沿外侧具覆瓦状排列的角质大鳞。前肢5爪；指、趾间无蹼。尾端有一角质鞘，雄性比雌性的长而弯曲。背、腹甲绿黄色，每一盾片均有不规则黑斑块。四肢暗黑色，具黑色斑点。此龟属陆栖，生活于山区灌木林丛，食植物幼苗等。

乌龟

龟鳖目龟科一种。又称金龟、草龟、泥龟。分布于朝鲜半岛、日本。中国除山西、内蒙古、辽宁、吉林、黑龙江、西藏、青海、宁夏、新疆未有报道外，其他各省区均有分布。乌龟头前段皮肤光滑，后段细鳞，鼓膜明显。椎盾5片；肋盾每侧5片；缘盾每侧11片；臀盾1对；肛盾后缘凹缺。背甲略平扁，有3条纵棱，雄性纵棱不显。四肢较平扁，趾、指间均全蹼，有爪。头、颈侧面有黄色纵纹；背甲棕褐色或黑色；腹甲棕黄色，每一盾片外侧下缘均有暗

褐色斑块。雄性较小，背甲黑色，尾较长，有异臭；雌性较大，背甲棕褐色，尾较短，无异臭。

乌龟生活于江河、湖沼或池塘中。以蠕虫、螺类、虾、小鱼等为食，也食植物。每年 4 月下旬开始交尾，5 ～ 8 月为产卵期，年产卵 3 ～ 4 次，每产 5 ～ 7 枚。雌龟产卵前，爬到向阳有荫的岸边松软地上，用后肢掘穴产卵。卵长椭圆形，灰白色，在自然条件下 50 ～ 80 天孵出幼龟。幼龟当即下水，独立生活。中医书记载此龟腹甲可入药，称龟板。

鼋

龟鳖目鳖科鼋属的一种。鳖类中最大的种类。又称绿团龟、癞头鼋。分布于孟加拉、中南半岛、马来半岛、苏门答腊、婆罗洲、菲律宾群岛、新几内亚岛。中国的江苏、浙江、福建、广东、广西、云南均有分布。鼋一般背盘长 26 ～ 72 厘米，最大者达 129 厘米。头较小，吻较宽圆，吻突短。颈较长，背盘近圆形，无角质盾片，覆以柔软的皮肤。背暗绿色，具黄点，散生小疣。腹白至灰白色，成体腹部有 4 块发达的胼胝。四肢粗扁，指、趾具爪，蹼发达，前肢外缘和蹼均为白色。鼋一窝可产卵 27 枚。广泛生活在江河、湖泊等淡水水域。

第三章 “双面明星”——两栖动物

两栖动物

脊索动物门两栖纲动物的统称。在脊索动物进化历程中从水生的鱼类到真正陆生的爬行类之间的过渡型动物，也是最原始、最早登陆的四足动物。主要特征：具五趾型四肢；因皮肤裸露且富有腺体而湿润；混合型血液循环；个体发育周期有一个变态过程，即幼体以鳃呼吸在水中生活，然后通过变态转变为以肺呼吸在陆地上生活的成体。该类动物既继承了鱼类适应水生的性状（如卵、幼体的形态以及产卵方式等），又有新生的适应陆栖的性状（如感受器，五趾型附肢和呼吸、循环系统等）。现有 3 目 40 科 500 属 5000 余种。除南极洲和某些海洋性岛屿外，遍布全球。中国现有 11 科 50 属 320 多种，分布于除沙漠区、西藏西北部高海拔区以外的其他省区，秦岭以南，以横断山区和华南热带和近热带地区属、种最多。

形态与机能　现代两栖动物的皮肤裸露，满布多细胞黏液腺和微血管。腺体分泌黏液，以保持皮肤湿润和通透性，起到调控水分、交换气体的作用。皮肤在湿润状态下也是肺的辅助呼吸器官。皮肤还有浆液腺，又称为毒腺，可分泌“毒素”或有特殊气味的分泌物，起到自卫或性识别作用。在表皮与真皮之间有色素细胞，可使皮肤颜色随环境（如光的强弱或不同颜色等）而变化。皮肤表层角质化或刺群，或皮肤内隐存有真皮骨质小鳞片，或头部皮肤下衬有小的骨质板等，这些结构或多或少可起到防止水分散失的作用。随着肺的发生，循环系统的心脏分为两个心房，一个心室，分别接纳来自肺循环和体循环的血液，其中混有静脉血和动脉血。此外，淋巴系统遍布于皮下组织。由于静脉血和动脉血还不能完全分开，因此对温暖的环境条件依赖性强。体温随气温而变化，属于变温动物。

两栖动物头部骨骼骨化程度弱，膜质骨骨片少，软骨颅未完全化，头颅宽短而扁平，眼眶与颞部相通，枕部短于面部，与已绝灭的古两栖类大不相同。部分种类四肢退化，如蚓螈类则无肢带和肢骨。两栖动物的肌肉系统，其形态和机能比鱼类具有更大的坚韧性和灵活性，有利于在陆地上运动。

两栖动物的大脑开始分为两个半球，脑神经10对。口腔内一般具有锥状齿，侧生，齿尖细小而略向内弯，为茎齿型，有齿冠、齿茎，其内为未钙化的泥样物质。两栖动物有保护眼睛的眼睑和泪腺。有肌肉质的舌，有颌间腺以湿润舌面，大部分种类的舌可翻出口外捕猎食物。消化道分段明显，肠管盘曲少，肠内初形成茸毽突起；无盲肠。两栖动物有唾腺、肝、胰腺和胆囊；肛开口于泄殖腔，由泄殖腔孔通向体外。外鼻孔开口于吻背侧，内鼻孔开于口腔前方，由鼻道连接内外鼻孔，除司嗅觉外，也是肺呼吸的必经通道。气管短，肺部呈气囊状。幼体用鳃呼吸，有侧线器官，仅水栖有尾类和蛙类少数种终生保留此性状。

两栖动物的肾脏为中肾，雄性兼有输尿和输精的功能：雌性仅输尿，输卵管发达，均开口于泄殖腔。膀胱是泄殖腔壁凸出而形成，可储存尿液。睾丸前端有脂肪体。雌雄异体，没有真正的交接器，一般以体外受精为主，部分种类为体内受精，但多数仍为卵生，少数种类为卵胎生或胎生。卵小而数多，外包有卵胶膜，有的种类卵粒在卵鞘袋内或在圆筒状带内，胶膜兼有保护和黏附作用。属于无羊膜动物。一般将卵群产在水中或潮湿的环境中，卵进行不均等的全裂；孵化成有鳃的幼体，幼体行鳃呼吸，但鳃的形态、发生与鱼类不同，属新生器官。一般幼体经过变态，其幼体器官萎缩、消失或改组后变成无鳃有肺的成体。

生态分布　两栖动物适应多种多样的生态环境，除海洋和沙漠及永久冰雪带地区外，海滨、平原、丘陵、高山和高原等生境均有分布，个别种向北可伸达北极圈南缘，有的种类能耐受和适应半咸水水域。垂直分布可达海拔5100米。以热带、亚热带湿热地区种类最为丰富，向南北温带种类递减。其生活习性可分为水栖、陆栖、树栖和穴居等，成体白昼时多隐蔽在阴暗而潮湿的环境中，夜晚活动频繁，以多种昆虫和其他小动物为食。蝌蚪则以浮游生物、植物性食物为主。在自然环境中，鱼、蛇、鸟、兽等动物都可能成为它们的天敌。现生两栖动物的寿命一般为10～20年，长者可达55年。

起源与演化　自1932年在格陵兰东部晚泥盆世地层中发现了鱼石螈化石，其性状既继承鱼类的祖征，又有鱼类没有的新征性状，如残留有两块小的鳃盖骨和位于尾部的鳍条；有内鼻孔和耳鼓窝，具有典型的五趾型四肢等。从总鳍鱼类的扇骨鱼类化石看，其性状已经孕育着向五趾四肢发展的趋势，这显示两栖动物

与硬骨鱼类可能有一定的渊源关系。但是也有人认为鱼石螈只是已特化了的能适应陆地生活的基本结构的一个旁支。两栖动物的起源与演化尚存争议，有待探索。根据牙齿是否是迷齿型以及椎体结构形式等，科学家将两栖动物分为：迷齿亚纲，所隶种类全为化石；壳椎亚纲，所隶种类全为化石；滑体两栖亚纲，其中包括近代型两栖动物的三个目，即蚓螈目、有尾目和无尾目。曾有人以椎体为依据认为无尾目起源于迷齿亚纲，而蚓螈目和有尾目起源于壳椎亚纲；还有根据3目的主要共性归为一个亚纲，其共性是皮肤有多细胞黏液腺；牙齿茎齿型，有耳盖骨和耳柱骨的复合结构；有从生殖嵴发生的脂肪体；视网膜上有绿柱细胞；内耳有两栖乳突；手骨一般是4个指而不是5个指等。但这些共性并不与生态适应直接有关，反映滑体两栖亚纲是单元起源的可能性是存在的。3目之间的形态差异是有无肢体和尾部，并与各自的运动方式相适应，它们的繁殖方式也有所不同等。

现将两栖动物的起源与演化归纳为：①鱼石螈是淡水总鳍鱼类的后裔，其性状有继承也有发展，属相嵌演化。②早石炭世至三叠纪是两栖动物大部分以迷齿亚纲动物为主体的演化阶段。在陆生脊椎动物进化史上虽不是很成功的一支，但却是极为重要的一个亚纲。③两栖动物已有四亿年的历史，其系统发生还不能得出一致的结论，例如石炭螈目与离片椎目间的渊源关系还没有搞清楚，迷齿亚纲与壳椎亚纲间的渊源关系就更是如此。壳椎亚纲3个目几乎同时出现，其关系如何尚无定论。④现代两栖动物的3个目与古两栖类的渊源关系至今还没有确切的一致的结论。更多的倾向认为这3个目是一个自然类群，即属于滑体两栖亚纲。

蜥螈　两栖动物一属。已灭绝的动物。化石见于北美早二叠世地层中。现名赛姆螈。石产自北美早二叠世地层中，属名取自产地赛姆（属于美国得克萨斯州）的地名。

赛姆螈兼有爬行动物和两栖动物的双重特征，故以往又译名为蜥螈。蜥代表爬行类，螈代表两栖类。它有一些性质是原始的两栖类和爬行类所共有的，如单枕髁、脑颅的结构、肱骨孔等。但身体骨骼已出现了许多爬行动物的特征，如脊椎的构造、间锁骨已出现一长柄、肠骨已稍扩张、开始出现第二个荐椎以及出现

2-3-4-5-3(4) 的趾式。而头骨上发育的耳凹和间颞骨的存在都是典型的两栖类特征。正因为这种特殊的形态构造，赛姆螈被认为是由两栖类进化为爬行类的例证，它本身的分类位置也一度不断地变动于两栖类和爬行类之间。归属爬行类时，就被称作螈蜥。自从在它的年幼个体的头骨上发现有侧线系统的痕迹，以及发现了它的近亲带鳃的蝌蚪化石以后，赛姆螈被确认为两栖动物。

赛姆螈生存的地质时代也说明它已不可能是爬行动物的直接祖先，因为真正的爬行动物早在它出现之前（石炭纪中期）即已存在。潘钦根据耳凹和镫骨等的研究，提出不仅赛姆螈自身，而且整个蜥螈形类，乃至所有具有耳凹的迷齿类都不可能是爬行动物的祖先。

钝口螈 两栖动物钝口螈科一属。有 30 余种。分布于北美加拿大和美国的阿拉斯加南部，向南达墨西哥高原南缘。成体全长 80～250 毫米，一般小于 160 毫米。头部宽，眼较小，无鼻唇沟。舌大，仅两侧游离。上颌有上颌骨和前颌骨，无泪骨，下颌的前关节骨与隅骨愈合，无额鳞弧；犁骨齿列多横置，有的左右两者间距较宽，有的成“M”形；有可活动的眼睑。成体一般无鳃和鳃孔，但美西钝口螈及其相近种的成体仍然保留有鳃和鳃裂，即保持有童体型。椎体双凹型体侧肋沟明显。肺发达。雌螈的泄殖腔内壁有贮精囊，行体内受精。

钝口螈多数种类的成体以陆栖为主，常穴居在泥洞内，12 月下旬或早春季节在气温 10℃左右的雨天成螈进入水塘或溪流内繁殖，一般雄螈先进入水域内等待雌螈的到来。抱对在水中进行，雄螈以吻部触及雌螈肛部等部位，雌螈应答后，雄螈产出精包数个，雌螈纳入 1 个或几个精包贮藏在贮精囊内，几天后即产出受精卵。卵粒附着在细枝或其他物体上，每群 16 粒左右，1 个雌螈共产卵 100 ～ 300 粒。繁殖后的成体即离开水域营陆栖生活。有的种类，如暗斑钝口螈于秋季在陆地上交配，卵群产在森林内的凹地水坑内。胚胎发育一般为 30 ～ 45 天，孵出的幼体长 12 毫米左右。钝口螈成体多在暴雨后发现，幼体全年均可见到，外鳃和尾部很发达，在水中生活 3 ～ 4 月或一年完成变态。虎斑钝口螈在西部高山区为童体型。在东部低地则几个月就能完成变态。在自然情况下低温能抑制它完成变态，可存活 25 年。

第四章　“花花世界”——鸟类

[一、雁形目]

斑头雁

雁形目鸭科雁属一种。又名白头雁、黑纹头雁。中国特有种，主要分布于青藏高原。体形较鸿雁小，全长750～850毫米。颈部较鸿雁短；雌雄羽色相似。头顶呈污白色，头后有两道黑色带斑，后颈呈暗褐色，颈的两侧均呈白色；上体大部呈灰褐色，羽缘呈浅棕色或白色；颏和喉部呈污白色；前颈呈暗褐色，向后转为灰色，羽缘色较淡，下腹和尾下覆羽呈污白色；胁羽呈暗灰色且有暗栗色宽阔羽端斑。

斑头雁在高原湖泊地区繁

殖。斑头雁在水中配对，交尾后开始选地筑巢。巢呈盘状，略高出地面，内铺草茎和藻类碎块。每窝产卵 2 ～ 8 枚。雌鸟孵卵，孵化期 29 天。雏鸟经 70 天长成。

斑头雁从 7 月中旬开始换羽，首先脱换全部飞羽，因而失去飞翔能力。这时，它们集中在水草茂盛、人迹罕至的湖湾。换羽期 1 个多月。9 月开始迁飞中国四川、云南，以及印度和缅甸北部越冬。

斑嘴鸭

雁形目鸭科鸭属一种。又名麻鸭、谷鸭、败鸭、火燎鸭、黄嘴尖鸭、夏凫。家鸭的原祖之一。广布于古北界与东洋界，在中国，主要于东北、华北和内蒙古繁殖。在长江中、下游和华东地区终年留居，西藏南部为它们的越冬地。

斑嘴鸭全长约 600 毫米，雌雄羽色相差不大。嘴呈黑色，端部呈黄色；体羽大部呈棕褐色；白眉斑较明显；翼镜呈金属蓝绿色并闪紫辉；颊、颏、喉和前颈呈沾黄的白色。

斑嘴鸭 3 月中旬开始向北迁移。杂食性，以植物为主。5 ～ 7 月繁殖。巢常筑在河流、湖泊或其他水边的草丛、竹丛或芦苇丛中，有的营巢于海岸岩石间。巢多用于草、芦苇叶铺垫，最上层有绒羽和碎草片。每窝产卵 6 ～ 12 枚。卵呈乳白色，有的沾黄或淡青。孵化期 24 天。7 月下旬开始结成大群，白天隐匿在蒲苇等处换羽，夜晚在开阔的水面上觅食游荡。换羽后南迁。

赤麻鸭

雁形目鸭科麻鸭属一种。又称黄鸭。分布于欧洲东南部至亚洲中部，非洲西北部。中国各地可见。全长约 620 毫米。外形似雁，腿强健有力，适于行走。雄鸭头顶呈棕白色，颈呈淡棕黄色，繁殖期颈基有一窄黑环；上体呈赭黄色，翅尾

呈黑色，翅上覆羽呈白色且泛棕色；下体色浓接近栗色。雌鸭羽色较淡，颈基无黑环，眼呈暗褐色，嘴呈黑色，脚呈黑黄色。

赤麻鸭是草原-荒漠型的种类，对生态环境有很强的适应能力，从低海拔盆地到约 5000 米的高寒山区，到处都有它们的踪迹。通常成对或结小群在湖畔、沙洲或海涂上活动。性机警，遇有危险可发出警诫声。赤麻鸭以植物性食物为主，兼吃昆虫、螺、虾等。

赤麻鸭 4 月下旬开始在中国北方繁殖。它们主要在离水较远的草丛和苇垛中或山地的岩石缝隙中营巢。在荒漠地带，它们常在胡杨的树洞中筑巢，也利用旱獭的弃洞和猛禽的废巢产卵。每窝产卵 8 ～ 10 枚。卵呈乳白色。孵化期 28 ～ 30 天。雏鸭破壳后，由母鸭领到附近的湖泊中去。在山地营巢的母鸭，常背负雏鸭飞往水中。繁殖过后一个或几个家族一起活动。迁徙时经东北南部和华北地区，到华中、华南和西南地区越冬。

豆雁

雁形目鸭科雁属的一种。俗名大雁。分布于西伯利亚和中国东部。全长 710 ～ 790 毫米。头颈呈棕褐色，前额或具狭窄白斑；上体呈灰褐或棕色；尾呈黑褐色，尾端呈白色；喉和上胸呈棕褐色，胸以下呈污白，两胁有褐色横斑；嘴呈黑色，中间有一条黄或粉色横斑；脚呈橙黄或粉色。

豆雁在中国主要为冬候鸟，见于长江南北的江河、湖泊、水库和农田中。数量居中国雁类之冠。每年 3 月中至 4 月初和 9 月底至 10 月初迁徙时经北京。飞行时以十余只至数十只为一组，排列成整齐的“一”字或“人”字形的队列，交替交换队形，边飞边叫，缓缓前进。性机警，在就食或憩息时，总有一只充当“哨兵”。通常夜间取食，以薯类和谷物为食，也吃青草、菱角、荸荠等。

鹅

雁形目鸭科雁属一种。大型水禽。善食草，适于水乡和丘陵等地区放牧饲养。多数学者认为，欧洲鹅的祖先是灰雁，中国鹅的祖先是鸿雁。欧洲鹅外形硕大，颈粗短，体躯丰满，与地面呈水平或前胸略高，头部无肉瘤。中国鹅体躯呈斜方型，颈长，喙基部上端有明显的肉瘤。鹅驯化历史悠久。埃及曾发现距今约4000年前的养鹅壁画。中国河南安阳的殷墟文化遗址中，也有公元前12世纪的墓葬品玉鹅出土。

类型和特性　鹅按体型可分为大、中、小三种，其中中、小型居多。大型成年鹅有欧洲种的图卢兹鹅、爱姆鹅，以及中国的狮头鹅等。中型种有玛塞布鹅、莱茵鹅，以及中国的武冈铜鹅、广东阳江鹅、安徽雁鹅、湖南溆浦鹅等。小型种体小而产蛋量高，有江苏太湖鹅、广东清远鹅、东北地区的豁眼鹅和山东五龙鹅等，有的年产蛋可达100～120个，而大型鹅仅产25～35个。

鹅按羽色可分为白色和灰褐色两种。前者足及喙橙黄色，体型较小；后者体型较大，中国古代称苍鹅，色黄褐、灰褐到乌鬃间有白色羽毛或白羽轮，也有白羽中带灰褐毛或灰褐毛中带白毛的。鹅的趾间有蹼，善游泳。眼光锐利，听觉敏捷，警觉性高，可用作警卫工具。喙为扁平型，喙边有坚硬成锯齿状角质化突起，便于挖掘和撕断草根。嗉囊不发达，但肌胃压缩力比鸡大一倍，盲肠也较鸡、鸭发达。对青草、糠麸、谷物的消化吸收能力很强，采食量大，适合放牧饲养或作短期填肥。

饲养和繁殖　雏鹅宜分小圈饲养，每圈 10 ～ 15 只，以防堆挤受伤。初期宜喂碎米、粗碎的麦粒和玉米等，拌以切细的青料或菜叶。天气暖和时，出雏后 7 ～ 10 天就可赶到青草繁茂的地方放牧。放牧时间逐渐增加，一般不待羽毛长齐即可全天放牧。鹅的觅食能力强，在中国东北地区冬季还能采食草根，在南方地区水面结冰时也能破冰潜入水底采食水生植物。收割后的谷物田地，可作为放牧催肥的场所，但舍饲和大群集约化饲养的增重较快，效果较好。

鹅的公母配种比例不高，自然交配大型种为 1 : 3 ～ 1 : 4，小型的太湖鹅为 1 : 6 ～ 1 : 7。成年鹅行动缓慢，产蛋期母鹅不能急速驱赶。采用人工授精繁殖时，受精率为 80% ～ 84%。孵化期 30 ～ 31 天。孵化后期由于胚胎自身发热量增高，易造成后期超温。因此，在孵化 16 ～ 17 天后每天上下午各凉蛋一次，每次约 30 分钟。鹅品种间杂交和杂种优势的利用已取得良好效果。

产品　鹅肉中赖氨酸、组氨酸和丙氨酸的含量丰富，营养价值高，肉味鲜美。西方国家有吃烤鹅的习惯。中国许多地方风行吃烤鹅肉，广东的烤鹅、江苏的盐水鹅、苏州的糟鹅等都是名肴。羽绒富弹性，结实，耐磨，隔热和抗吸水等性能也好，可用于制作羽绒被和羽绒服。鹅肥肝质地细嫩，别具风味，风行国际食品市场。

鸿雁

雁形目鸭科雁属的一种。家鹅的原祖。分布于西伯利亚和中国，雄鸟全长约 900 毫米。雌鸟稍小。嘴呈黑色，较头部长；头顶呈白色，正中呈棕褐色，上体大部呈灰褐色，羽缘色淡直至白色；前颌下部和胸部均呈肉桂色，向后渐淡至下腹呈纯白色；两胁具暗色横斑；尾下覆羽和尾侧覆羽均呈白色。老年雄雁的上

嘴基部有疣状突，跗跖呈橙黄色，爪呈黑色。

鸿雁栖息于河川、沼泽地带。夜间觅食植物，白天在水中游荡。春夏之间在中国内蒙古自治区东北部和黑龙江流域繁殖。在河中沙洲、湖中小岛或洼地的草丛中营巢。每窝产卵4～8枚。卵呈乳白色。秋季南迁，常结群飞行高空，列成“V”形，不时发出洪亮的叫声。在中国东部至长江中、下游以南地区过冬。

瘤头鸭

雁形目鸭亚科栖鸭属一种。又称麝香鸭、疣鼻栖鸭、番鸭或巴西鸭。欧洲许多国家称之为火鸡鸭，在法国则称为蛮鸭。原产中南美洲热带森林，不太喜欢游水的森林禽种，善飞，至今墨西哥、巴西和巴拉圭仍有野生种。经驯化的瘤头鸭体质健壮，体躯长宽，与地面呈水平状态。头、颈中等大小，眼周围和喙的基部有皮瘤。头颈部有一排纵向长毛，受惊时竖起呈刷状。胸、腿肌发达，翅膀较长（30～50厘米），有一定飞翔能力。腿较短而健壮，步态缓慢而平稳，尾较长而窄。

瘤头鸭羽毛有黑、白、褐、浅蓝、青铜和青灰等色。黑羽鸭的羽毛带绿色光泽，皮瘤黑红色，较单薄，喙红色带黑斑，虹彩浅黄色，胫、蹼多黑色。白羽鸭的喙粉红色，皮瘤鲜红色，肥厚，虹彩浅灰色，胫、蹼橙黄色。黑白花羽鸭，喙红色带有黑斑，皮瘤红色，胫、蹼暗黄色。瘤头鸭鸣声低哑。公鸭在繁殖季节散发麝香气味。性情温驯，爱清洁，从不脏污垫草及其所产的蛋。成年公鸭体重2.2～5千克，母鸭2～3千克，早期生长速度较一般肉用型鸭迟3～4周，但胴体的胸、腿产肉率比北京鸭高约8%，因而在肉鸭业产品中所占比重日益提高。成熟期6～9月龄，年产蛋60～120个，蛋重70～80克，蛋壳白色。善抱窝，孵化期35～36天；雏鸭生命力强，易管理。瘤头鸭与家鸭杂交产生的一代杂种称半番鸭，亦称骡鸭，无繁殖能力，雌雄体重相似，性情驯顺，耐粗饲，增重快且肉质好，被广泛用于肉鸭和肥肝生产。此品种从东南亚引进中国至少在250年以上，基本分布在长江中下游以南各省。其与北京鸭的杂交一代7～10周龄重达3～5千克，瘦肉率高，肉质细嫩；至3～4月龄经2～3周专门填肥，每只可产400克左右的肥肝。

绿翅鸭

雁形目鸭科鸭属的一种。繁殖于欧亚大陆北部；迁徙时遍及中国东北、华北全境；在非洲及欧、亚南部越冬。在中国的越冬区从河北省起，南至海南省，西达新疆维吾尔自治区和西藏自治区南部。

绿翅鸭体型小，全长约370毫米。雌雄异色。雄鸟头颈呈暗栗色，头侧有1条辉绿色带斑自眼周延至后颈，带斑上下缘有棕白色狭纹；下颈、肩及两胁呈灰黑色且密布白色虫蠹状细纹；翼镜呈金绿色，外缘呈绒黑色；下体呈棕白色，胸部缀有黑色斑点，颏及尾下覆羽呈黑色。雌鸟背呈棕黑色且有棕黄色“V”形斑；下体与雄鸟相似；嘴呈黑色；腿呈棕褐色。

绿翅鸭在中国境内基本上属旅鸟和冬候鸟，8月下旬迁往中国南方越冬，次年3～4月北返，迁飞时常集结成千上万的大群。9月中旬抵长江流域，10月初到达东南沿海一带。在越冬地区常栖息在水草丰盛的湖面上和沿海的潮间带。在南迁中和到达越冬地的初期嗜食稻谷，秋后以水生植物种子和嫩芽以及少量软体动物为食。

绿头鸭

雁形目鸭科鸭属的一种。家鸭的原祖之一。夏季在欧洲、亚洲和北美洲北部繁殖，秋间迁至非洲北部、印度、中国南部、日本和墨西哥越冬。体形似家鸭。雄鸭全长约600毫米。上体呈黑褐色，头颈呈灰绿色，白色颈环与栗色胸部相隔；

下体呈灰白色；翼镜呈紫蓝色，上下缘有宽阔的白边；中央2对尾羽呈绒黑色，末端向上卷曲。雌鸭背部呈黑褐色，各羽有浅棕色宽边；腹部呈浅棕色且杂有褐色斑点；翼镜与雄鸭相似。

绿头鸭9月成群迁徙到水生植物丰盛的湖泊、池塘、河流和水库。主要为植食性。在中国东北地区，4月下旬开始繁殖，在水边、草丛间营巢。每窝产卵8～11枚。卵呈纯白色或略带淡绿。孵化期24～26天。夏秋之间全部换羽，秋冬之间部分换羽。换羽后常和斑嘴鸭混群。

罗纹鸭

雁形目鸭科鸭属的一种。在西伯利亚东部繁殖，于朝鲜半岛、日本、中南半岛、印度和中国的东部河北省以南的省份越冬。繁殖记录仅在中国大兴安岭和吉林省中部。

雄鸭全长约500毫米。头顶呈暗栗色，枕冠和头侧呈金属铜绿色；喉和前颈呈白色，中间有一圈黑绿色领环；上体呈灰白，杂有褐色波状细纹，至下背后转为暗褐色；翼镜呈墨绿；三级飞羽特长而向下弯曲，似镰刀状；下体呈灰白色且密布褐斑。雌鸭略小；上体呈黑褐色，杂有棕色“V”形斑；下体呈棕白色，密布黑褐色新月形斑和点斑；嘴呈黑色；脚呈青灰色。

罗纹鸭在7月中、下旬脱换飞羽之前，一般进行局部迁徙，于夜间飞抵换羽区。换羽区通常在南迁的中转地，如内蒙古乌梁素海和乌拉盖等地。换羽时飞羽几乎同时脱落，在此期间常与绿头鸭、斑嘴鸭、紫膀鸭、琵嘴鸭等混杂，结群至数百只。9月下旬开始结成小群南迁。冬季遍布于河北省以南的河流、湖泊、水库和沼泽中。在越冬区与其他野鸭混杂成大群，白天在湖面和沙洲上停歇，黄昏后去浅滩和稻田中觅食。罗纹鸭主要以藻类、杂草种子和稻谷为食。

棉凫

雁形目鸭科棉凫属一种。分布于中国南部、印度、斯里兰卡、马来半岛和印度尼西亚。

棉凫全长约 300 毫米。嘴形似鹅，嘴基部高，向前渐狭。雄鸟额和头顶呈黑褐色，前额具一白点；颈的基部有一黑色领环，头和颈的余部呈白色；上体呈黑褐色且有金属闪光；初级飞羽中部呈白色，形成显著翼镜；尾上覆羽呈白色且密杂以虫蠹状细斑；尾呈暗褐色；羽端呈浅棕色；下体除上述的黑色领环和褐色的尾下覆羽以外呈纯白色。雌鸟羽色与雄鸟相似，但黑色部分无金属闪亮，颈无领环，翅上无翼镜，尾下覆羽不是褐色；两眼贯以黑褐色粗纹；头与颈的白色布满褐色细纹，两胁呈白色且具较粗的褐色斑。

棉凫平时栖息在河川、湖泊、池塘、沼泽内，尤喜在有荷花的水域里活动。杂食性，以植物为主。6～8 月繁殖。棉凫在近水的树洞里营巢。卵呈纯白色，此鸟从前遍布长江以南地区，现数量已锐减。

天鹅

雁形目鸭科一属。鸭科中个体最大的类群。颈修长，几乎与身躯等长；嘴基部高而前端缓平；尾短而圆；蹼强大，但后趾不具瓣蹼。世界共有 5 种。中国有

疣鼻天鹅

黑天鹅

大天鹅

大天鹅、小天鹅和疣鼻天鹅 3 种。大天鹅和疣鼻天鹅均在中国繁殖和越冬；小天鹅繁殖于欧亚大陆的极北部，迁徙时途经中国东北、内蒙古和华北，在长江中、下游和东南沿海地区越冬。

疣鼻天鹅是天鹅中最美丽的一种。全长约 1500 毫米。体呈白色，嘴呈赤红色，前额有一黑色疣突。夏季见于中国北方草原-荒漠地区的湖泊、水库中，一般成对活动，在水面上常把颈弯成“S”形，并拱起蓬松的翅膀。疣鼻天鹅以蒲根、野菱角和藻类为食，也挖食莲藕等。3 月底开始营巢繁殖。巢筑于蒲苇深处，呈圆形，以蒲苇茎叶搭成。每窝产卵 4 ～ 9 枚。卵呈苍绿色且有污白细斑，由雌鸟孵卵。9 月下旬开始南迁，一般列队为 6 ～ 20 只。

鸳鸯

雁形目鸭科鸳鸯属一种。分布于中国东部、印度、斯里兰卡、马来半岛和印度尼西亚。中型游禽，全长约 500 毫米。雄性羽色华丽，头顶呈金属翠绿色；枕部丛生赤铜色特长的羽毛，与后颈的金属暗绿色和暗紫色长羽形成鲜丽的羽冠，两侧各衬有宽阔白纹一道；背部大部呈浅褐色；最内侧 2 枚三级飞羽扩大成扇状竖立在背部两侧，犹如船帆，被称为“相思羽”；胸腹部呈纯白色。雌性鸳鸯背部呈苍褐色；眼周和眼后各具一条白色纵纹；头和颈的两侧呈浅灰褐色；上体余部呈橄榄褐色；两翅羽色与雄鸟相似，仅缺一对帆状的相思羽且没有雄性羽色那样闪亮；下体大部呈白色。

杂食性。鸳鸯以种子、茎、芽、果实、小鱼、蜗牛、昆虫等为食。善游泳，在溪边树洞中营巢。每窝产卵 7 ～ 12 枚。雏孵出幼鸟后，能从树洞口跃入下面的溪水，自行游泳觅食。春季在内蒙古东北部、东北地区北部和中部繁殖；秋间南迁至长江中、下游及东南沿海一带越冬。在繁殖期常见于湖泊和山溪中，大都成对生活形影不离。在中国文学中常以鸳鸯比喻夫妻关系。其实，鸳鸯只在繁殖期间雌雄偶居，并非终生如此。

针尾鸭

雁形目鸭科鸭属的一种。又称尖尾鸭。分布于欧洲、亚洲和北美洲。在中国，繁殖于东北和新疆等地。

针尾鸭雄鸭全长约 600 毫米。头部呈暗褐色，后颈中央羽绒呈黑色，在黑色后颈两侧和褐色喉部之间有一条白色宽带，后连于白色的下体；背和两胁均布满黑白相间的虫囊状横斑；外侧尾羽呈灰褐色，中央 2 枚尾羽特别长，先端尖锐。雌鸭体型较小；头和背大都呈褐色，缀以白色斑；翼镜不明显，呈黑色而有铜绿光泽。

针尾鸭常栖息于沼泽地带以及水草茂盛的河流、湖泊的沿岸，有时也到海滨栖息。此类鸭为杂食性，以植物为主。性怯懦，稍有动静立即飞起。针尾鸭在灌木丛或草丛中营巢。每窝产卵 7 ～ 12 枚，卵呈黄绿或淡黄色。

[二、鹳形目]

黑鹳

鹳形目鹳科鹳属一种。又称乌鹳、锅鹳。大型涉禽。分布于古北界和东洋界。中国各地均有分布，在北方繁殖，南方越冬。全长约1000毫米。上体从头至尾，包括两翅，均呈黑色，带紫色和绿色光辉。胸部与上体同，下体余部呈纯白。雌雄同色。幼鸟的头和颈呈棕色，杂以白羽，背部呈暗棕色。

黑鹳常在溪流中觅食。飞行时长颈和长脚伸直，成一直线。从不鸣叫。黑鹳以鱼、蛙、蛇、甲壳类为食。春、夏在岩石峭壁或裂隙间营巢，每窝产卵3～5枚，卵呈粉色。属国家重点保护动物。

白鹳

鹳形目鹳科鹳属鸟类的统称。分布于古北界和东洋界。世界有两种，均见于中国。其中一种白鹳，分布于欧洲和中亚，见于中国新疆西北部，在屋顶上营巢。另一种东方白鹳，分布于西伯利亚及中国东部，嘴呈黑色，在树上营巢。白鹳与东方白鹳均系迁徙鸟类，冬季成小群在长江流域越冬。

白鹳体形修长，约1200毫米。嘴长而直；颈与腿亦长。体呈纯白色，但肩羽、两翅的大覆羽、初级覆羽及飞羽等均呈光辉黑色，大部分飞羽的外翈为银灰色。雌雄羽色相同。眼周、颊部裸区及腿脚均呈红色。

白鹳飞行缓慢，常在高空中翱翔。

觅食小鱼、蛙、蜥蜴和昆虫等，有时也吞食田鼠。休息时常以一足站立。受惊时常弹嘴，发出“嗒嗒”声。夏季繁殖，在大树高处或屋顶以枝丫、茅草等营巢，每窝产卵 3～5 枚，呈白色。白鹳属世界濒危物种，在中国属国家重点保护鸟类。

[三、佛法僧目]

三宝鸟

佛法僧目佛法僧科三宝鸟属仅有的一种。分布于日本南部、印度东部、中南半岛、大洋洲和太平洋岛屿。在中国夏季从东北南部起，西至贺兰山、峨眉山，南至云南南部、广西南部及福建都有分布，在广东为留鸟(一年四季可见的鸟)。

三宝鸟全身呈纯暗蓝绿色。肩羽鲜亮而微呈蓝色；翅上有一道显著的翠蓝色横斑，展翅时更明显，似镶嵌一块宝石；尾呈黑色；下体色较淡，为蓝绿色，越向后羽色越淡；嘴和脚呈鲜艳的朱红色。

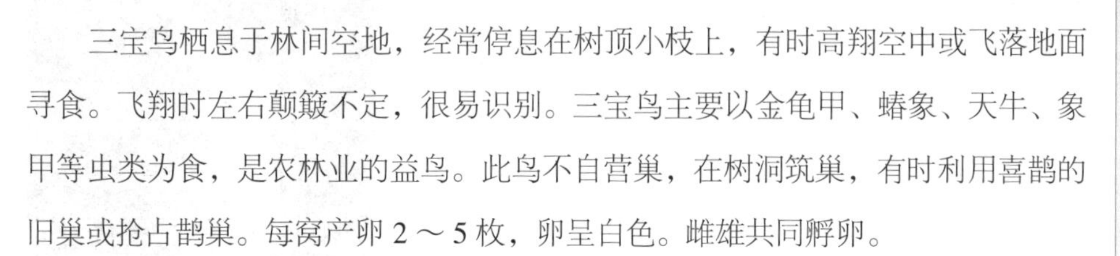

三宝鸟栖息于林间空地，经常停息在树顶小枝上，有时高翔空中或飞落地面寻食。飞翔时左右颠簸不定，很易识别。三宝鸟主要以金龟甲、蟠象、天牛、象甲等虫类为食，是农林业的益鸟。此鸟不自营巢，在树洞筑巢，有时利用喜鹊的旧巢或抢占鹊巢。每窝产卵 2～5 枚，卵呈白色。雌雄共同孵卵。

戴胜

佛法僧目戴胜科戴胜属的一种。又称臭姑鸪、鸡冠鸟、花蒲扇、胡哱哱、山和尚。广布于欧洲、亚洲和非洲。在中国分布于新疆维吾尔自治区西部、东北地区，台湾、海南等省，西藏自治区。在长江以北为夏候鸟和旅鸟，在长江以南为留鸟。全身呈棕色，两翅和尾呈栗黑色且具棕白色横斑。头上有长羽冠，冠羽顶端有黑斑，

受惊鸣叫，在地上觅食时，冠能耸起。雌雄外形相似。

戴胜能适应多种生境。5～6月间繁殖，在树洞、枯树、墙洞、石堆和土崖上筑巢。巢用杂草、树叶、树枝和羽毛等构成。雌鸟在繁殖期尾脂腺能分泌一种恶臭的油液，起保护作用，故得臭姑鸪之名。孵化时雌鸟不离巢，由雄鸟喂食。每窝产卵4～9枚，卵椭圆形，呈乳白略沾灰或绿色。孵化期22～24天。戴胜嘴细长而尖，能插入泥土、石缝间搜寻挖食各种昆虫和幼虫，尤其嗜食蝼蛄、金针虫等地下害虫，对农林业有益。

[四、鹦形目]

绯胸鹦鹉

鹦形目鹦鹉科鹦鹉属的一种。又称鹦哥。广泛分布于东南亚地区。中国见于云南西南部至东南部、广西西南部及海南省。

绯胸鹦鹉全长约340毫米。雄鸟额基有一黑纹，向左右后伸达眼；自下嘴基部有一对宽阔黑带斜伸至颈侧；头的余部呈蓝灰色，眼先和眼周渲染绿色；后颈与颈侧呈辉亮草绿色；自背和肩以至尾上覆羽同为此色，但无辉亮，上背还沾黄色，两翅的内侧覆羽呈金黄带绿色，其余部的表面大都呈绿色。尾羽成天蓝，基部边缘沾绿，羽端沾黄。颏呈污白色；喉和胸呈橙红而带灰蓝色；腹部中央呈蓝色，两侧沾绿，尾下覆羽呈绿而缀黄色。雌鸟头部呈蓝色，喉和胸呈橙红色，而无灰蓝色泽。

绯胸鹦鹉多在山麓常绿阔叶林间结群活动，觅食浆果、坚果以及幼芽和嫩枝。善攀登，常活跃于树枝间。秋季结群游荡于田间，掠食谷物，每群数百甚至成千只。飞行循直线，甚急速。夜间常与八哥、鸦类等混栖树上。叫声粗厉而响亮，常在林间群飞争鸣，声极嘈杂。它们在树洞里营巢，多结群繁殖，每窝产卵 3 ～ 4 枚。绯胸鹦鹉羽色华丽，易驯养，是世界著名的笼鸟。

虎皮鹦鹉

鹦形目鹦鹉科虎皮鹦鹉属仅有的一种。澳大利亚大陆为数最多的一种鸟类。

虎皮鹦鹉上体有黑色和黄色的横斑，腰和下体呈绿色，额和脸呈黄色，颊的羽毛尖端呈紫罗兰色，喉部有许多黑色的斑点，翅下覆羽呈绿色；尾羽呈绿蓝色。它们栖息于林缘的溪流、疏林草地、干燥灌丛和开阔的平原，通常不怕人。飞翔时从一棵树飞到另一棵树，常结群移动，声音嘈杂。除觅食外，多栖息于树上，听觉灵敏。虎皮鹦鹉主要以种子为食。营巢在树洞或地上的木头洞内。每窝产卵 4 ～ 6 枚。各国从澳大利亚引种，培育出许多品种，成为最常见的观赏鸟。

[五、鸡形目]

花尾榛鸡

鸡形目松鸡科榛鸡属一种。又称飞龙、松鸡、树鸡。广布于欧亚大陆北部和

中部，西自斯堪的纳维亚半岛、地中海北岸，东至西伯利亚、蒙古、朝鲜半岛、日本北部和中国东北。

花尾榛鸡全长约350毫米。雄性上体羽色呈棕灰且具栗褐和棕黄的横斑，延续至下背和尾部横斑渐窄，成花纹状。头具羽冠，从脸颊延至后颈有一白色宽带。喉呈黑，缘羽呈白色。飞羽呈灰褐色且具一系列白斑。下体呈暗褐或棕褐色，羽端有灰白色细纹。尾羽呈青灰且具黑褐色横斑。雌性喉部呈淡棕黄，体羽较雄性稍暗。

榛鸡是古北界特有的鸟类，针叶林和针阔混交林带的典型种类。喜群居，晚秋时集成10只左右的小群，直至次年4月末才离群成对活动。平时多在松树枝杈间隐蔽，极善奔走，又巧于在树丛间藏身。嗜食各种植物，亦吃昆虫。一雌配一雄，5～6月间筑巢繁殖。巢筑在山坡阳面的树林中，呈凹洼状，置于灌丛下、倒木旁的落叶层中。每窝产卵7～12枚，卵呈淡黄褐色且具红褐色白斑。孵化期约20天，由雌鸟负担。雏鸡孵出1个月后即能短途飞行。

鹌鹑

鸡形目雉科鹌鹑属一种。又称赤鹑、红面鹌鹑。简称鹑。中国古代称为鴽，又称鴳，北魏贾思勰所著《齐民要术》中首次出现“鹌鹑”的名称。中国有两个亚种：一种在东部，为普通亚种；另一种在西部，为指名亚种，是雉科唯一具有迁徙性的鸟。鹌鹑体型小，但肉味鲜美且含精氨酸，产蛋多，成熟早，适应性广，饲料转化率高。医学上还常用作实验动物。野鹌鹑被驯养成为专供蛋用和肉用的家鹌鹑不过百余年，现已育成了20多个品种和雌雄配套系。蛋用品种以日本鹌鹑为主，肉用品种以澳大利亚鹌鹑和美国金黄鹌鹑较有名。中国养鹑业中，利用率高、分布面广的鹌鹑品种和配套系有朝鲜蛋鹑、北京隐性白羽蛋鹑、南农黄羽蛋鹑、法国迪法克 (FM) 系肉鹑、法国莎维玛特肉鹑。

鹌鹑外貌似鸡雏，头小，颈粗，体硕，尾短，羽深麻黄色。习群居，喜暖怕冷，容易受惊，适宜安静环境。15 日龄换初级羽，30 日龄左右换永久羽。幼时雌雄不易区分。20 日龄后，雄鹑在颊、下颌和喉部均呈赤褐色，胸部红褐色，上有少数小黑斑点；而雌鹑的上述部位分别为黄白色和淡黄色，小黑斑点很多。30 日龄雄鹑引颈高鸣，雌鹑则不善鸣叫，声低而细。40 日龄左右，公鹑发出求偶声，指压肛门上部球状泄殖腔腺可排出一种泡沫状分泌物，表明已发育成熟。肉用鹑于三四周龄、体重达 125 ～ 200 克时上市出售；蛋用鹑开产日龄一般为 35 ～ 60 天，年产蛋 240 ～ 280 个。鹌鹑饲养标准一般前期（0 ～ 21 日龄）要求含粗蛋白质 20%～ 24%，后期（22 日龄后）24%。此外适量补充矿物质、维生素和微量元素等。干喂法多用全价配合饲料，湿喂法是将粉料与青料加上荤汤水拌成糊状喂饲，适用于小规模饲养场和家庭饲养。笼养每平方米密度三周前约 150 只，三周后 70 ～ 80 只。室温宜掌握在 10 ～ 30℃以内。饮水应充分，不可中断。环境宜保持卫生和安静。蛋的孵化期 17 天，孵化操作和鸡基本相似。种鹑一年淘汰一次。在 40 日龄左右按雄、雌 1 : 3 ～ 1 : 4 的比例选留种。被淘汰的种鹑和蛋用鹑作为肉用鹑出售。

勺鸡

鸡形目雉科勺鸡属的一种。又称柳叶鸡。广布于古北界和东洋界。全长 550 ～ 600 毫米。雄鸟头部呈金属暗绿色且具棕褐色长形冠羽，颈部两侧有明显白色块斑，上体呈乌灰色且杂以黑褐色纵纹，下体中央至下腹呈深栗色。雌鸟体羽以棕褐色为主。嘴呈黑色，脚和趾呈暗红色。

勺鸡常栖息于海拔 1000 ～ 4000 米处的松林以及针、阔叶混交林中，特别喜欢在高低不平而密生灌丛的多岩坡地。平时成对活动，很少结群。清晨和傍晚觅食，以植物种子和果实等为食。繁殖期为 4 月末至 7 月初。一雄和一雌配对。在灌丛间的地面上筑巢，用树枝、叶、杂草及碎屑等搭成平浅的窝。每窝产卵 4 ～ 9 枚，卵呈浅黄色且杂以褐斑。

原鸡

鸡形目雉科原鸡属一种。又称茶花鸡。为家鸡的原祖。产于中国的云南、广西壮族自治区及海南省。东南亚、印度、马来半岛及印度尼西亚的苏门答腊岛等也有分布。

原鸡体型近似家鸡。头具肉冠，喉侧有一对肉垂，是本属独具的特征。它们雌雄异色。雄性羽色很像家养的公鸡，最显著的差别是头和颈的羽毛狭长而尖，前面呈深红色，向后渐变为金黄色。这些狭羽从颈向后延伸覆于背的前部，比家鸡更为华丽。尾羽和尾上覆羽呈黑色且具金属绿色，羽基呈白色，飞时特别明显。雌性与家养的母鸡相似，体型较雄性小，尾亦较短。头和颈项黑褐缀红；颈羽亦特长，轴部呈黑褐色且具金黄色羽缘。

原鸡栖于热带和亚热带山区的密林中，常至林缘的田野间觅食植物种子、嫩芽、谷物等，兼吃虫类及其他小型动物。巢营于地面稍凹隐处，铺以落叶和杂草等。在云南南部 2 月开始产卵，3 ～ 5 月为高潮期，有的持续到 10 月。

C.R. 达尔文认为中国的家鸡是由印度传来，而后再从中国传入日本和欧美各国。但经中国鸟类学家考证，中国至少是与印度同时驯化原鸡，很可能比印度要早一些。

雉鸡

鸡形目雉科雉属一种。又称环颈雉。为古北界和东洋界的广布种。在中国，除青藏高原的大部分和海南省以外都有分布。

雉鸡全长 900 ～ 1000 毫米。雄鸟羽色华丽。在华东所见的雉鸡，头顶呈黄铜色，两侧有白色眉纹。颏、喉、后颈呈黑色，有金属光。颈下有一显著的白圈。背部前呈金黄色，向后渐变为栗红色，再后呈橄榄绿色，均具斑杂。尾羽甚长，呈黄褐色，而横贯以一系列的黑斑。胸部呈金属紫铜红色，羽端具锚状黑斑；下体余部亦多斑杂，脚上有距。雌鸟型小尾短。体羽大都呈砂褐色，背面满杂以栗色和黑色斑点，尾上黑斑缀以栗色，无距。

雉鸡栖息于有草丛和树木的丘陵，严冬迁至田野间，觅食昆虫、植物种子、浆果和谷物。脚强善走，翅短，不能高飞和久飞。叫声单调而低沉。繁殖时期，在丘陵的草丛间随地营巢，以枯草、落叶等铺在地面凹处为窝。每窝产卵 6 ～ 14 枚，通常 1 年孵 2 窝。

雉鸡在中国有 19 个亚种。东北和华东的亚种均具白色颈环，而西部的亚种没有。雉鸡适应力强，欧美各国引进后大量繁殖作猎禽用。

绿孔雀

鸡形目雉科孔雀属的一种。又称爪哇孔雀。分布于东南亚。中国仅见于云南西部和南部。

绿孔雀为中国野生鸡类体型最大的一种，全长达 2000 毫米以上，其中尾屏约 1500 毫米。头顶翠绿，羽冠蓝绿而呈柳叶形；上体大都呈辉亮的青铜和翠绿色且富有杂斑；尾上覆羽特别长，形成尾屏；其羽支分离，呈金属绿色并具铜紫色反光，近羽端处具眼状块斑，各斑中部呈深蓝色，外围有铜褐、青蓝、金黄等色的圈形缘，显得分外艳丽。真正的尾羽很短，呈黑褐色。下体前部呈青铜色，向后转为蓝绿色。雌鸟无尾屏，羽色呈暗褐色且多杂斑，远不如雄鸟光辉艳丽。

绿孔雀栖息于草丛、灌木丛而有树木散在的开阔地带。在山区，多栖息于海拔不超过 2000 米的山麓。它们为杂食性，主要以种子、浆果等为食。春夏间，一雄配数雌，在灌木林的草丛中营巢。每窝产卵 4 ～ 8 枚，卵呈乳白色。雏鸟孵出后，与幼鸟结群活动。秋季常结集大群飞翔于山坡间。绿孔雀为驰名中外的珍禽，属中国国家重点保护鸟类。

麝雉

麝雉目麝雉科麝雉属的唯一种。主要分布于南美洲亚马孙河流域。体型细长，全长约610毫米，体重仅810克。头特小，具有一簇长直如鬃毛的羽冠，颈细长。头和颈的外形从正面看很像孔雀。嘴短而曲；两翅较大，但飞行又无力；尾羽长又宽；脚强健具4趾。上体呈暗褐色，稍杂以白斑；头冠呈红褐色，脸的裸出部呈蓝色；下体呈橘黄色，腹部呈铁锈色。雌雄体色相同。

麝雉幼鸟翅的第1、2指上有爪，适于攀登树木，待成长后指、爪均脱落。另外还有许多与普通鸟类迥异的性状，如嗉囊发达，能取代砂囊的功能榨碎食物。由于形态及生物学特征奇特，麝雉的分类学地位存在争议，有人曾将之归入鸡形目，有人将之归入鹃形目，近年更独立为麝雉目。

麝雉以叶片、花、果实等为食，兼吃小鱼、虾蟹。它们喜群居，白天常集大群栖息于河边的树上，不时发出尖叫声。在天气炎热时，大多隐伏不动。黎明、黄昏尤其是月夜非常活泼，在枝间跳动，甚至攀登树顶觅食。繁殖期成群。巢粗陋，营于离水面2～6米的枝丫间。每窝产卵2～4枚。幼鸟能自己攀树找食物，遇敌则落水脱逃。

[六、雀形目]

寿带属

鸟类雀形目王鹟科的一属。共有13种，主要分布于亚洲和非洲。中国仅有寿带和紫寿带2种。尾较翅长或等长，头有羽冠。嘴大而扁平，上嘴具棱脊，嘴须粗长。寿带鸟上体呈栗色，下体呈白色，胸部呈苍灰色。雄鸟除头部呈蓝黑色外，体羽全部为白色。栖息于山区或丘陵地带的树丛中。主要以昆虫为食，兼食少量植物。繁殖期

5～7月。巢呈侧圆锥形，位于离地2～6米的树杈上，以草茎、树叶、树皮等物构成，外敷以苔藓、地衣并缠以蛛丝。每窝产卵3～4枚。卵呈乳白色且具少许红褐色斑点。紫寿带鸟头、颈、胸呈黑色，具羽冠，余部呈暗褐并具金属光泽；下胸呈灰色，至腹部逐渐呈白色；尾呈黑色。

极乐鸟

极乐鸟科鸟类的统称。又称凤鸟。有44种。主要分布于新几内亚及其附近岛屿，少数种类见于澳大利亚北部和马鲁古群岛。体型大小不等，全长170～1200毫米。嘴脚强健；少数种类呈纯黑色，除了羽毛光泽和肉垂外，无特殊装饰；大多数种类的雄鸟有特殊饰羽和彩色鲜艳的羽毛。鸣声粗厉。极乐鸟以各种果实为食，也吃昆虫、蛙、蜥蜴等。它们除了在果树上取食及在公共性炫耀场地外，通常不结群，多单个或成对生活。在树枝上营巢，用细枝筑成巨大的盆状物。但镰冠极乐鸟靠近地上营造有顶的巢；王极乐鸟的巢是在树洞中。每窝产卵1～2枚。从500多年以前起，西欧妇女就以它们的饰羽作为帽饰，直到1927年才禁止狩猎极乐鸟。

极乐鸟中最有名的种类是大极乐鸟。产于新几内亚阿鲁群岛，在繁殖期间雄鸟非常艳丽。额、颊、喉等墨绿色；头、颈黄色；上体暗赤栗色；肋部有长饰羽，其基部橙黄，中部黄色，前部白色；中央尾羽仅存羽轴，并延成铁线状。在繁殖期，雄鸟群集于大树上，高举双翅，伸直颈部，耸起羽毛并连续颤动，展开肋部长羽，进行集体性表演，从一树枝飞向另一树枝，顿时使整棵树上显得好像鲜花怒放一般，鲜艳夺目。

喜鹊

雀形目鸦科鹊属一种。除中、南美洲与大洋洲外，几遍布世界各大陆。在中国，除草原和荒漠地区外，见于全国各地，有4个亚种，均为当地的留鸟。

喜鹊外形似鸦，但具长尾。全长435～460毫米。除腹部及肩部外，通体呈黑色且发蓝绿色的金属光泽。翅短圆，尾远较翅长，呈楔形。嘴、腿、脚纯黑色。雌雄羽色相似。幼鸟羽色似成鸟，但黑羽部分染有褐色，金属光泽也不显著。

喜鹊栖息于阔叶林内，在旷野和田间觅食，尤喜在居民点附近活动。除秋季结成小群外，全年大多成对生活。鸣声洪亮。喜鹊为杂食性，繁殖期捕食蝗虫、蝼蛄、地老虎、金龟甲、蛾类幼虫以及蛙类等小型动物，也盗食其他鸟类的卵和雏鸟，喜吃瓜果、谷物、植物种子等。在高树、烟囱、输电铁塔上营巢，由雌雄共同筑造。巢呈球状，以枯枝编成，内壁填以厚层泥土，内衬草叶、棉絮、兽毛、羽毛等，每年将旧巢添加新枝修补使用。喜鹊为多年性配偶。每窝产卵5～8枚。卵呈淡褐色，布褐色、灰褐色斑点。雌鸟孵卵，孵化期18天左右。雏鸟为晚成性，双亲饲喂一个月左右方能离巢。小型猛禽红脚隼常争占喜鹊或秃鼻乌鸦的巢。

喜鹊是自古以来深受人们喜爱的鸟类，关于它有很多优美的神话传说，民间将它作为“吉祥”的象征。它在消灭害虫以及清除田间垃圾方面也起积极作用。

灰喜鹊

雀形目鸦科灰喜鹊属的一种。又称山喜鹊。在欧亚大陆北部呈显著的不连续分布。为中国东北至华北地区留鸟，有6个亚种。

灰喜鹊外形似喜鹊，但个体较小。全长370～391毫米。头、颈呈黑色；背羽呈土灰色；翅及尾呈灰蓝色；下体接近白色。翅短圆；尾远较翅长，呈楔形。嘴、腿、脚等呈纯黑色。雌雄羽色相似。幼鸟羽色似成鸟，但黑羽颜色暗淡，缺金属光泽。

灰喜鹊栖息于针叶林或针阔混交林内。平时小群活动，秋冬集结成上百只的大群向平原地区游荡。鸣声单调。灰喜鹊主食昆虫，包括松毛虫、金龟甲、蛾类等害虫，也食浆果，水果等。喜在高大的松柏树或杨树上集群营巢，雌雄共同建造。巢以树枝编成，呈浅盆状，内衬草茎、兽毛、羽毛、植物纤维、苔藓等。每窝产卵6枚。卵呈淡青色，布褐色细斑。雌鸟孵卵，孵化期14～16天。雏鸟为晚成性，双亲饲喂18～20天后离巢，离巢后仍家族群居，至秋末结成大群。

松鸦

雀形目鸦科松鸦属一种。又称山和尚。广泛分布于欧洲和亚洲的山林中。在中国，除极西部地区以外，遍布各地，有8个亚种，均为留鸟。

松鸦为小型鸦类，全长约320毫米。外形与生活习性均似乌鸦，但羽毛鲜丽，整体接近粉褐色，具白色下背、腰及喉羽；下体呈淡棕色。从下嘴至颈侧有一条宽黑纹；翅为黑白两色，各羽基部外缘饰以翠蓝与黑色相间的、发金属闪光的羽片，构成艳丽的块状斑；尾呈黑色。嘴呈黑色，粗壮而直，上嘴先端具缺刻。鼻须较乌鸦短。腿和脚呈淡褐色。

松鸦栖息于针阔混交林内，常结成小群活动。鸣声粗犷单调，受惊扰时头顶羽毛耸起。松鸦为杂食性，在繁殖期取食金龟甲、蝉、天牛、松毛虫等，兼吃嫩芽、浆果、桑葚等，喜掠食其他鸟的卵和雏鸟；秋冬两季以植物果实和种子为主要食物，并有贮藏坚果的习性。通常在高树上或山崖缝隙中筑巢。巢呈盆状，以枯枝编成，内衬草茎、细根、苔藓等。每窝产卵 5 ～ 6 枚。卵暗绿色，布有褐色细斑。孵卵由两性担任，孵化期约 17 天。雏鸟晚成性，双亲饲喂 20 天左右离巢，离巢后仍家族群居。

[七、鹤形目]

白骨顶

鹤形目秧鸡科骨顶属的一种。又称骨顶鸡。除中、南美洲以外，广泛分布在世界各地。外形似鸡，全长 400 ～ 430 毫米。通体几乎呈黑色，翅与尾羽沾褐，下体呈暗灰褐色。前额至嘴基有一块大形白色角质额板，为此种的显著特征。嘴尖部呈灰褐色，基部呈淡红色。胫部呈橙黄色，腿和脚呈暗铅绿色，各趾缘具有分离的黑色瓣状蹼膜，适于游泳时划水以及在泥沼中涉行。雌雄羽色相似，但雌鸟的额板较窄小。

白骨顶栖息于内陆水域的水草茂密地区，习性似野鸭，善游泳和潜水。啄食水生植物、鱼类和小型水生动物，也吃植物种子以及水稻、高粱等谷物。繁殖期间，雌雄共同在距水面不高处将水草弯折，编成盘状巢。每窝产卵 6 ～ 9 枚。卵呈土黄色，上布紫色、灰褐色和黑褐色疏斑。雌雄轮流孵卵，经 20 余天出雏。雏为早成性，体披黑色丝状绒羽，头和翅上杂有白色。雏鸟出壳后即能随双亲游泳觅食。迁徙和越冬时集结为成百上千只的大群。

此种在中国分布的为指名亚种，是长江流域以北广大地区的夏候鸟。迁徙时途经中国大部地区，在华南各省越冬。

丹顶鹤

鹤形目鹤科鹤属的一种。又称仙鹤。繁殖期分布于俄罗斯远东地区，中国黑龙江齐齐哈尔、三江平原的红河、七星河流域、吉林的向海和莫莫格区域、辽宁盘锦双台子河下游以及内蒙古达里诺尔等地，越冬于朝鲜半岛、日本和中国江苏沿海滩涂、长江中下游地区，偶见于江西和台湾。

丹顶鹤为大型涉禽，全长 1200 ～ 1600 毫米。颈、腿和嘴均较长。全身几乎呈纯白色，头顶裸皮且呈朱红色，次级飞羽和三级飞羽呈黑色。三级飞羽长且弯曲呈弓状，覆盖于尾上。

丹顶鹤栖息于开阔平原、沼泽、湖泊、草地、海边滩涂、芦苇等地，偶见于耕地。迁徙期和冬季常由数个家族群结成较大的群体，有时集群多达 40 ～ 50 只。觅食地和夜息地一般比较固定。丹顶鹤主要以鱼、虾、钉螺以及水生植物的茎、叶和果实等为食。营巢于开阔的芦苇沼泽地或水边草地中，繁殖期为每年 4～6 月，一雌一雄制。每窝产卵 2 枚，由雌雄鸟轮流孵化，孵化期为 30 ～ 33 天。雏鸟出壳后即能蹒跚行走，几天后可随亲鸟离巢游泳于浅水中。两龄性成熟，寿命可达 50～60 年。为珍稀动物，是很有价值的观赏动物，已被中国列为国家一级保护动物。

黑颈鹤

鹤形目鹤科鹤属一种。主要分布于中国。繁殖于中国西藏、青海、甘肃和四川北部；越冬于中国西藏南部，云南昭通、香格里拉、祥云、丽江，以及印度北部。属大型涉禽，全长 1100 ～ 1200 毫米。颈、嘴和腿较长。通身呈灰白色，眼、头顶的裸露皮肤呈暗红色，头、颈、尾和脚呈黑色。

黑颈鹤栖息于海拔 3000 ～ 5000 米的高原草甸、芦苇沼泽和河谷沼泽地带。多成群活动，常集成几十只的大群。从天亮到黄昏，大部分时间用于觅食。主要以植物的根、颈、叶和果实为食。黑颈鹤的繁殖期为每年的 5 ～ 7 月。通常营巢于四周环水的草墩上或浓密的芦苇丛中，巢简陋，主要由枯草构成。每窝产卵 2 枚。卵椭圆形且呈暗绿色或橄榄色，上有棕褐色斑点。孵化以雌鸟为主，孵化期为 33 天。黑颈鹤是唯一的高山鹤种，亦是鹤类中最稀有、最珍贵的一种，为中国特有，是国家一级保护动物。

红骨顶

鹤形目秧鸡科黑水鸡属的一种。又称黑水鸡。因前额有一鲜红色角质额板得名。除澳大利亚和新西兰外，广泛分布于世界各地区。外形似鸡，但腿和趾较长，中趾和爪的长度超过跗跖的长度；全长雌性约 311 毫米、雄性约 325 毫米。通体呈灰黑色，翅和尾染以褐色，下腹部有黑白相间的块状斑；尾下覆羽中央部分呈黑色，两侧呈鲜白色；嘴呈黄绿色；腿、脚和趾呈灰绿色，趾间无蹼，但各趾侧部微具膜缘。雌雄羽色相似。

红骨顶栖息于芦苇和水草丛中，在草丛间敏捷穿行，受惊时则蛰伏不动，或紧贴水面作短距离飞行。善游泳和潜水。主要以植物嫩芽和种子为食，兼食昆虫、

蠕虫和软体动物；秋季也啄食水稻、高粱等谷物。鸣声洪亮，在芦苇和蒲草丛中，以弯折的茎叶编成松散的盘状巢。每窝产卵 5～6 枚。卵呈土黄或乳白色，上布紫灰色、褐色以及淡棕色疏斑。每年可产 2 窝。孵化期 16～18 天。雏鸟为早成性，满被黑丝状绒羽，出壳后即能离巢随双亲游泳觅食。迁徙期间常结成大群。

红骨顶中国有 2 个亚种，即指名亚种和普通亚种。在新疆西部和华东各地繁殖。迁徙时在大部地区的水域中均可见到，如长江以南广大地区的留鸟。

苦恶鸟

鹤形目秧鸡科的一属。因其叫声得名。有 8 种，主要分布于东半球的热带和亚热带。中国有 2 种。此属以白胸苦恶鸟为典型代表。全长 270～300 毫米。上体几乎呈灰黑色，面部和下体呈纯白色，尾下覆羽呈栗色；嘴基稍隆起，但不形成额甲，嘴峰较趾距为短；跗跖较中趾（连爪）为短；翅短圆，不善长距离飞行。

白胸苦恶鸟又称白胸秧鸡或白面鸡，善奔走，在芦苇或水草丛中潜行，亦稍能游泳，偶作短距离飞翔，以昆虫、小型水生动物以及植物种子为食。在繁殖期间雄鸟晨昏激烈鸣叫，音似“kue, kue kue”，故称姑恶鸟或苦恶鸟。在荆棘或密草丛中，偶亦能在树上，以细枝、水草和竹叶等编成简陋的盘状巢。每窝产卵 6 ～ 9 枚。卵呈土黄色，上布紫褐色和红棕色的稀疏纵纹和斑点。在中国南方每年可产 2 ～ 3 窝。雏鸟为早成性，孵出后即能离巢，但仍与亲鸟一起活动。

白胸苦恶鸟的普通亚种夏季在中国长江流域以南的东部地区繁殖，偶见于河北省和山东省。在福建、广东、台湾、云南各省为留鸟。

三趾鹑

鹤形目三趾鹑科一属。鹤形目中体型最小的种类。体形、羽色和习性都与鹌鹑近似。腿较长，具 3 趾，后趾阙如。上体羽色呈黑褐与栗黄相杂，胸和两肋有众多的黑褐色圆斑，翅短圆，尾短。嘴形似鹑而较细弱。雌雄异型，雌鸟体较大，羽色较鲜艳。世界有 16 种。主要分布于东半球的温、热带地区，其中 3 种见于中国。黄脚三趾鹑为典型代表，全长约 150 毫米，体重 50 ～ 90 克。

三趾鹑栖息于草原或灌丛草地，在草丛中潜行或做短距离飞行。取食地表的植物种子、软体动物和昆虫。繁殖期一雌多雄，雌鸟主动炫耀，鸣声洪亮，并与其他雌鸟激烈争占巢区。雄鸟孵卵和育雏。由两性共同在浅穴内敷以少许干草叶筑巢。每窝产卵 4 枚。卵近梨形，呈淡灰色且密布暗紫色和褐色细斑。孵化期 12 ～ 13 天。雏鸟出壳时满被黄褐色绒羽，能立即离巢。繁殖期后常为单栖或家族群聚，迁徙时集结成大群。

秧鸡

鹤形目秧鸡科一属。共有 18 种，分布几遍及全球。中国有普通秧鸡与蓝胸秧鸡 2 种。普通秧鸡又称紫面秧鸡，为此属中分布达于古北界的唯一代表。全长约 230 毫米。体形略似小鸡，但嘴、腿和趾均甚细长，适于涉水。体羽松软，上体大致呈橄榄褐色且满布褐黑色纵纹；头、颈和前胸发灰色，脸侧有栗色过眼纹；下体呈暗褐色且杂以白横纹。嘴呈暗褐色，基部呈橙红，嘴长等于腿长甚或更长。腿和脚呈褐色，趾间无蹼。翅和尾均短。雌雄羽色相似。此属鸟类的嘴峰与跗跖等长。

秧鸡栖息于沼泽地的水草丛中，奔走迅捷，偶作短距离飞行。飞行时头颈前伸，双腿下垂。主要以植物嫩芽和种子为食，兼食昆虫和小型水生动物。在距水面不高的密草丛中以蒲草和芦苇叶筑巢。巢略呈盘状。每窝产卵 6 ～ 7 枚。卵呈粉棕色且有稀疏的暗褐色细斑。雌雄共同孵卵。雏鸟出壳后满被黑褐色绒羽，为早成性。秧鸡属大多夜行，习性隐蔽。普通秧鸡在中国东北部以及西部的广大地区繁殖。

［八、鹃形目］

杜鹃

鹃形目杜鹃科鸟类的统称。有时专指杜鹃属。又称布谷鸟、子规、杜宇。世界性分布，共 28 属 136 种。中国有 7 属 17 种。分布全国各地，在长江以南最普遍。全长 160 ～ 700 毫米。外形似鸽，但稍细长。嘴强，嘴峰稍向下曲。尾长阔，呈凸尾状。脚短弱，具 4 趾，第 1、4 趾向后，趾不相并。雌雄外形大体相似，幼鸟羽色与成鸟不同。

中国常见种是四声杜鹃。头顶和后颈呈暗灰色；头侧呈浅灰，眼先、颏、喉和上胸等色更浅；上体余部和两翅表面呈深褐色；尾与背同色，但近端处有一宽黑斑。下体自下胸以后呈白色且杂以黑色横斑，与大杜鹃相仿。常隐栖树林间，平时不易见到。叫声格外洪亮，四声一度，音拟“快快布谷”。每隔 2 ～ 3 秒钟一叫，有时彻夜不停。杂食性，主要以松毛虫、金龟甲及其他昆虫为食，也吃植物种子。不营巢，常在灰喜鹊、红尾伯劳等鸟类的巢中产卵，卵与寄主卵的外形相似。见于中国东部沿海地区，从东北直至海南省；国外广泛分布于东南亚。因嗜食昆虫，尤其是毛虫而对农、林业有益。

大杜鹃

鹃形目杜鹃科杜鹃属的一种。又称布谷鸟、郭公。分布于非洲、欧亚大陆到东南亚。中国除台湾省外，各地均有分布。

大杜鹃全长约 320 毫米。雄鸟上体呈暗灰色；两翅呈暗褐，翅缘呈白色且杂以褐斑；尾呈黑色，先端缀白；中央尾羽沿着羽干的两侧有白色细点；颏、喉、上胸及头和颈等的两侧呈浅灰色，下体余部呈白色且杂以黑褐色横斑。雌雄外形相似，但雌鸟上体灰色沾褐，胸呈棕色。

大杜鹃栖息于开阔林地，特别在近水的地方。常晨间鸣叫，每分钟 24 ～ 26 次，连续鸣叫半小时方稍停息。性怯懦，常隐伏在树叶间。平时仅听到鸣声，很少见到。飞行急速，循直线前进。以鳞翅目幼虫、甲虫、蜘蛛、螺类等为食。食量大，对控制虫害有作用。大杜鹃不自营巢。孵化期为 12 ～ 14 天。

敬告读者

本书的内容均来自《中国大百科全书》（第二版）。我们必须强调的是关于动物保护请以最新的国家动物保护法和检疫检验法等相关的法律法规为依据，敬告之。